DOGOLOGY
汪星人狂汪大小事
狗麻吉的科學

The Weird and Wonderful
Science of Dogs

Stefan Gates
史蒂芬・蓋茲——著

林柏宏——譯

獻給那位疼愛狗狗的超棒老媽
（Jean Gates, 1945-2020）
妳永遠在我們心中

推薦序

狗僕完全手冊

黃貞祥（國立清華大學生命科學系助理教授）

　　小時候，我們在馬來西亞的家養了一隻狗，很難說是把牠當成寵物，因為長輩似乎只是把牠養來看門的，牠老死後，我們短暫收養了一隻很聰明可愛的狐狸犬，但家裡沒大院子讓牠奔跑玩耍，爸媽就送給有豪宅的朋友了。

　　然而，就在幾年前，老爸和弟弟一時興起餵了幾隻他們公司附近的流浪狗，牠們居然在附近待著不走，被戲稱是「自來犬」。沒想到老爸苦心經營的五金公司，倉庫一年遭幾次破門行竊的困擾（後來連保全都監守自盜），居然迎刃而解。原來那些自來犬和公司上下混熟後，除了會經常扮可愛，還分辨得出夜晚時分有誰來者不善，會群起狂吠和追逐宵小。自此，老爸出遠門都不忘交代要讓牠們吃好吃飽。

　　我一些在臺灣郊區有豪宅的朋友，家裡的狗狗，不少也是這麼來的，久而久之，就漸漸建立出不可分割的友誼。當然，不少有養狗的朋友，家裡的寶貝寵物是各種純種犬，例如貴賓犬、蝴蝶犬、博美犬、黃金獵犬、秋田犬、柴犬、拉布拉多犬、臘腸犬、邊境牧羊犬、馬爾濟斯、吉娃娃等，族繁不及備載。

　　我本身是貓派，和狗派的性格大不相同。養狗的朋友通常比較擅長社交，也比較外向，畢竟養狗要經常帶他們到戶外散步，

所以運動量也比較大。在公園經常看到人聚在一起聊天，狗狗也聚在一起玩耍。另外，狗和貓相比，是特別的忠心耿耿，而且行為大多不難預測。養狗的樂趣之一，就是可以訓練牠們配合做出各種動作和行為，甚至還能夠娛樂親友。

飼養寵物，就是一種承諾——我們願意照顧牠們，一輩子不離不棄，而各國都有各種傳為佳話的忠犬故事。做為和人類還是很不一樣的哺乳動物，我們該如何好好懂得牠們的各種知識，好好守護牠們的身心健康呢？這本《狗麻吉的科學》就是一本很令人輕鬆愉快的好入門。

《狗麻吉的科學》作者史蒂芬・蓋茲（Stefan Gates）收集了各種關於狗最新的科學知識：大部分我們該知道的，和不想知道的（有點噁的），都收錄在這本詼諧幽默的好書中。從牠們的身世到解剖、生理、行為、交流、飲食，再到各種奇聞軼事都有，不養狗讀起來都樂趣無窮，讀完我都想把家裡的貓換成狗了（誤）。

我小時候很常聽大人說，狗有分兩大類，一大類的祖先是狼，另一大類的祖先是狐狸。現在我們知道，這其實是都市傳說，不管是任何關於狗的遺傳研究都會告訴我們，狗其實就是種狼。在四萬多年前，有些比較不怕人類的狼，在人類圍在篝火的聚會散場後，到附近撿食人類的食物殘渣或甚至糞便為食，久而久之，其中一些比較懂得扮可愛的「自來狼」漸漸卸下人類的心防，人類漸漸習慣了這些狼的存在，甚至發現了牠們的好處，於是開始特意把牠們帶著四處趴趴走。

關於狗的馴化，目前還有諸多細節還尚未確定，近年每幾個月在頂尖科學期刊上都有堪稱可改寫教科書的大發現，如果你以

為我們懂得牠們的起源，那我敢保證，你把這幾年的論文都通讀一遍，你會發現我們搞混的比搞懂的還多！畢竟狗在馴化的過程中，發生了許多不同地區犬隻情欲流動的事件，牠們的譜系比我們想像的複雜許多。這些研究其實都方興未艾，未來肯定還會有許多令人驚訝的新發現。

在這幾萬年的馴化中，野狼經歷了人類特意挑選出的遺傳變化，讓更親人、攻擊性更弱、體型較小的「狼」能留下更多的後代，當狗崽愈來愈多時，還能當作禮物送給親朋好友。已經和牠們野狼祖先大不相同的狗，隨著人類在地表上的擴張，傳播到了世界各處，也逐漸適應了當地的氣候和飲食。接著到近百年，人類又根據自己的喜好，把一些誇張的遺傳突變特意保留，培育出了五花八門的純種犬。

這些純種犬也是非常豐富的遺傳資源，讓遺傳學家可以找尋控制這些形態、行為、生理性狀的基因，讓我們更清楚它們的功能；另外，不少狗飼主都清楚，不同品種的純種犬會有罹患不同疾病的傾向，這並非是都市傳說，而是確有其事，因為有些會增加某些疾病風險的基因，剛好就在和該品種有關特徵的基因附近，所以順帶一起遺傳給後代，也讓遺傳學家有了很好的材料來研究人類的基因和遺傳疾病的關係。

因為愛狗人士眾多，美國就有遺傳學家發起「達爾文方舟」（https://darwinsark.org）的公民科學計畫，讓狗飼主可以共襄盛舉，貢獻他們關於自家犬貓的資料，讓科學家能夠發掘更多和犬貓甚至人類有關的重要知識！相信我們家的狗狗和貓咪，不僅能夠陪伴我們身邊，也讓我們更加了解身而為人的科學道理！

Dogology
目錄

第一章
引言

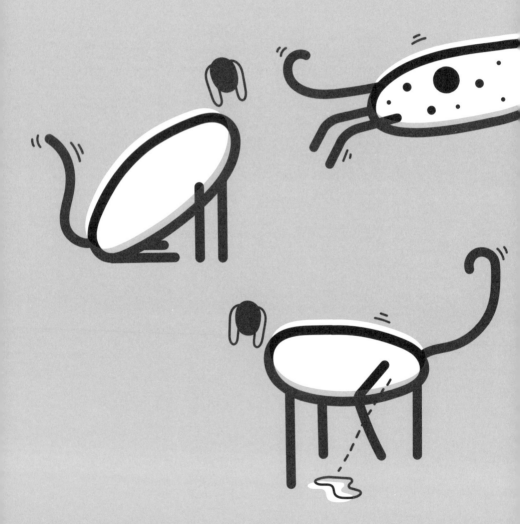

與科學不相干的引言

大家好啊！《狗麻吉的科學》要大書特書的對象總數有五到十億＊隻，牠們渾身毛茸茸、口氣臭烘烘、鼻子溼答答、舔臉又咬鞋、控制欲強且生性浮誇，這些長著四條腿的生物有混血兒，也有純種的，既是排便機器，也是狀況百出的蓬鬆小蠢蛋，以牠們的小懸趾（dewclaw）逗弄著我們的心。這本書也是對科學的禮讚，你家畜養的這隻動物個案藏有奇異迷人的科學知識，又常常帶來歡笑一籮筐，儘管牠有 99.96% 算是一頭狼，但是對玩耍、撓癢癢的胃口可是大得很，如無底洞般吞食我們稱之為愛的暴漲荷爾蒙。

小時候，我總是超級無敵渴望能養一隻可愛、邋遢又會搖尾巴的狗。結果我爸媽給我買了一隻沙鼠（gerbil）。如果你從來沒有養過沙鼠，牠們基本上就是窮人版的倉鼠（當然，倉

＊ 世界上有多少狗呢？這問題有點難答，主要因為有幾個難題：全球寵物數量的統計數據持續變動，統計方式各異其趣，且相當基於一般性的估計，甚至到十億。

鼠已經算是窮人版的天竺鼠、窮人版的兔子、窮人版的貓、窮人版的狗*）。沙鼠不像倉鼠那麼可愛，比較像老鼠，我爸媽還騙我說這隻比較好。不過，實際上我對我家的沙鼠傑拉德（Gerald the Gerbil）非常滿意，因為我從來不敢想像我家養得起一隻狗，但我一直幻想著養狗可能會是什麼樣子。和毛茸茸的觸感比起來，我更需要的是陪伴。我是一個百無聊賴的小鎮男孩，狗不僅會無條件地愛我，更重要的是，牠會成為我的夥伴。我**知道**若有隻狗陪在我身邊，我們每天都會忙著拯救受傷的流浪漢，挖掘寶藏，偵查破案，幫助老人家，協助撲滅火災，身體疲憊但滿心歡喜，我們倆會在一日將盡之際，一起俯瞰峽谷中的夕陽美景。這些事根本不可能和沙鼠一起做，不過，在米爾頓凱恩斯（Milton Keynes）小鎮這種地方也辦不到就是了。

很多人寫關於狗的書會將自己的狗捧上天，說牠們有多棒，但是這本書包山包海的大量內容已經讓我的出版商為了印刷的紙張成本坐立難安了，我會盡量簡短一些。現在我是有能力的成年人了，所以自己養了一隻狗。我家可愛的蓬蓬雜毛狗布魯（Blue）是邊境牧羊犬（Border Collie）和貴賓狗（Poodle）的混血兒，我愛牠愛到無以復加。牠有點奇怪，對球的痴迷能讓牠對食物不屑一顧（牠早餐吃的可頌麵包除外）。我們不常去眺望峽谷，但還是有豐富的冒險經驗：我們去探險，我們四處晃，我們嬉鬧玩耍。就純粹的感官享受來講，牠也能讓人大大滿足：抱

起來就讓人捨不得放下，綿軟舒服，漂亮極了，牠毫無保留地愛我，那雙大眼睛總是充滿崇拜的眼神，正如我所願。

但養了布魯最棒的是，我因為牠成了更好的人。不是以任何可量化、能以科學描述的方式變好——我只是變得更親切、更體貼、更關心我的家人、朋友、我所處的世界和生活在其中的人們。我們有時會忘記，能與大大的一隻掠食性哺乳動物分享我們的家園是多麼榮幸。我家裡已有三隻可愛的哺乳動物——一個十六歲，另一個十八歲，第三位不希望我明白地抖出她的年紀——但是布魯來自不同的物種，不同的生物如此接近彼此地生活在一起是很少見的。〔我還有一隻貓，但牠是另一本《貓主子的科學》（Catology）的寫作對象，此處先不談〕。

從演化歷史來看，狗兒成為我們家中的一分子是相當晚近的事，牠們和帶野性的凶惡猛獸仍相差不遠，就是那些嚼食著有蹄類動物且吃得津津有味、一看到你就會撕掉你的臉的野獸（其實不該把狼想得這麼簡單，但你應該懂我的意思），但牠們為了獲得溫暖、愛護和穩定的餐食而來到我們家中。

與一個完全不同的物種分享我們的生活有助於讓我們意識到身為人所代表的意義。當我們與狗打交道時，我們的溝通方式、期盼、耐性、聲調、情緒和是非觀念都徹底轉變了。狗兒讓我們意識到自己能進行抽象思維是多麼非比尋常，了解自己對文明教養的喜愛，知道自己有同理心且能慈愛關懷，以及擁有巨大力量伴隨巨大責任——我們有能力改變世界、改變氣候並影響與我們一起生活在這個環境的其他物種。狗提醒我們，在這個地球上，我們的一舉一動都該審慎小心。

非常感謝您閱讀這本書。有個怪怪但蠻可愛的小團體叫做科學傳播者（science communicators），我是其中一員，我們不僅非常樂於與你分享驚人的知識，讓學習變得刺激好玩，也帶給我們極大的樂趣。在科學博覽會、搞笑社團、校園裡、電視上、酒吧和派對廚房中都會發現我們的蹤影。要說我們希望這些知識能讓你學到什麼，其實就是科學可以很迷人、很勁爆，能啟發心智，而且經常超級有趣。如果你來到英國，在街上碰見我們的成員，快過來打個招呼聊幾句。不過請做好心理準備：我們都是知識囤積狂，想和你大聊特聊的東西可多得很。

說明

犬科亞種顯然有許多不同的種類，包括狐狸、澳洲野犬（*dingo*）和非洲野犬。為了避免重複冗長，除非另有說明，否則本書中只要使用「狗」一詞，指的是家犬（*Canis familiaris*）。

聲明

本書中的任何內容均不應被視為獸醫、動物行為研究人員或訓練者的專業意見。如果對您的狗有任何憂心之處，請向合格的獸醫或動物行為專家尋求諮詢。

希望各位……

善待動物，要記得牠們體驗與感覺這個世界的方式都和我們大不相同。而且一定要將你家狗狗的便便收拾好。如果說有什麼可能會讓人們更討厭我們的狗，那就是踩到一坨又熱又溼的狗屎。

第二章
何謂之狗？

2.01 狗兒簡史

關於狗的演化和馴化，許多事實、時間點和地點都仍有激烈的爭議。從演化的角度來看，我們確實知道的事情是，狗出現在世上至今只有二萬到四萬年，是相對年輕的生物，牠們是狼的後裔，狼在三十萬年前首次出現在北美洲（大約與人類出現在非洲的時間相同）。目前世上和狗血緣最接近的生物是灰狼（*Canis lupus*），但牠們屬於旁系近親群體（sister group），狗的直系祖先未知，可能已經滅絕。大多數狗的品種在最近一百五十年到二百年內才發展出來。

六千五百萬年前

恐龍活躍了一億六千五百萬年後於白堊紀（the Cretaceous period）末期滅絕

五千萬年前

食肉動物（carnivore）分化為樣貌像狼的犬型亞目動物（*caniform*）和像貓的貓型亞目動物（*feliform*）

五千五百萬年前

食肉哺乳動物出現

西元前三十萬年

北美洲出現狼

智人（*Homo sapiens*）在非洲出現

三百到一百萬年前

犬屬（*Canis* genus）在歐亞大陸（Eurasia）演化出類似狼的種類

狗便便化石
西元前七千年

**西元前四萬年到
西元前二萬年**

現代狗開始從狼群
中分化出來

**西元前一萬五
千年**

此時的狗和狼已
經是完全不同的
生物

**西元前一萬四千
二百二十三年**

證明有人養狗當寵
物的最古老證據

西元前二萬三千年

可能此時在西伯利亞
（Siberia）有狗被馴化

**西元前一萬二千年
到西元前一萬年**

狗的體型縮小了 38-
46%（可能由於馴化
的關係）

西元前七千年

最古老的狗屎在中國
的村莊被發現

西元前一萬一千年

出現人類與犬類生物
同居的明確證據

西元前八百年

在荷馬（Homer）的著作《奧
德賽》（*Odyssey*）中，奧德
修斯（Odysseus）時隔二十年
後回到家鄉，只有他的狗阿
爾戈斯（Argos）認出他

西元一八七三年

在英國成立的畜犬協會
（The Kennel Club）制
定了品種標準

西元前九千五百年

北極圈有人養狗的最
早證據，表示狗已被
用於跨越至少一千五
百公里（九百三十英
里）的運輸工作

**西元前三千三百年
到西元前六百年**

銅器時代的圖畫和洞
穴壁畫描繪了狗

西元一四三四年

范・艾克（Van Eyck）的
畫作《阿諾菲尼和他的新
娘》（*Arnolfini Portrait*）
裡有一隻眼神迷人的小
狗，象徵婚姻的忠誠。給
人相當古怪的感覺

2.02 狗基本上算是可愛版的狼嗎？

狗 與狼有 99.96% 的基因相同，有些品種看起來與狼非常相似。那麼可以說你的狗是一隻裹著可愛小狗外皮的嗜血惡狼嗎？如果你放牠自由，牠就會回歸山林，夜夜對著月亮嚎叫，混跡狼群中自由奔跑嗎？

幾乎可以肯定牠不會。與人類在一起的生活已深刻改變了狗的需求和生活方式，也改造了牠們的肢體和思考能力，以及牠們的行為、身體機能、繁殖和社交方式。第一批被馴化的狗應該有些不尋常的特質，既不害怕人類且表現友好。由於人類只飼養和繁殖對自己友好、有用的狗，所以這些特質自此持續受到加強。畢竟，沒有人想要一隻凶殘又會吃嬰兒的掠食者在自家洞穴周圍徘徊，不是嗎？那麼，狗究竟發生了什麼變化？

行為

狗會吠叫而狼很少這麼做。狼會嚎叫，但狗不太會這樣。狗頑皮貪玩，即使到了成年依舊如此，而且狗與人類形成的聯繫會比狗與狗之間的情感更緊密。人們看重家犬可被馴服、適應力強的特性，且牠們特別能夠解讀人類溝通的方式。與狼不同的是，狗還得依賴人類而不是彼此合作來獲取食物。有研究表明，狼能合作解決問題來取得食物，但狗罕見如此。狼對人類充滿恐懼和攻擊性，**幼狼雖然可以社會化，但不能真正被馴化。即使從出生起就與人類一起長大，狼也不會像狗那樣親近人、了解我們的肢**

體語言或經常注視我們。

群體生活

　　狼這種野生動物最適合生活在複雜的社會群體中，一起狩獵大型哺乳動物，保護自己和後代免受捕食者侵害。灰狼群通常包含五到十隻個體：一對領頭的成年公狼和母狼配偶，加上牠們的後代和一些無血緣關係的狼。牠們一起狩獵，養育幼崽，社會結構和行為準則清楚分明，對彼此極其忠誠。領頭的公狼通常是狼群中享有唯一交配權的狼，牠們會確保幼狼在其他狼把一切清空之前都吃到食物。相較之下，狗甚至不再被視為群居動物。流浪狗群（生活在野外的家犬）是食腐動物而不會獵食：牠們不合作捕食；經常吵鬧打鬥；任意擇偶交配，不顧慮配偶是否為自己的血親（通常對遺傳多樣性不利）；獨自撫養孩子；而且沒有固定隸屬的家族群體。

鐵達尼號上的狗

有三條狗從一九一二年的鐵達尼號船難中倖存下來：一隻北京犬（Pekingese）、兩隻博美犬（Pomeranian）。牠們都是頭等艙乘客的寵物。

飲食

　　狼大多成群結黨地獵殺草食性有蹄類動物（腳部長有蹄子的動物），並以之為食物，但在食物短缺時，也會吃體型較小的獵物，甚至昆蟲。牠們是不折不扣的食肉動物，吃下肚的植物物質微乎其微。從另一方面來說，狗是雜食性的──牠們可以吃像穀物之類的植物性食物，這種奇怪的食性被認為是牠們吃人類的剩菜而才發展出來的。不過，狗在野外還是需要一些只能自肉類取得的養分。

獨立性

　　由於狼不需要人類的幫助，所以**相當自立自強，像是遇上關閉的門這類問題時，牠們會嘗試自己打開。當狗遇到棘手的問題時，通常會找人來幫牠們解決。**

繁殖周期

　　母狼總是與同一隻公狼交配，並在每年春季分娩一次，如此可提高幼崽和整個狼群的生存機會。春天是食物資源豐富的時候，此時幼狼出生能隔最久時間才遇上食物短缺的冬天。相較之下，母狗的交配對象眾多，一年有兩個繁殖周期，在任何季節都有可能生育。由於狗依靠人類獲得食物和住所，因此一年中沒有所謂確保幼崽生存的最佳生殖時間。

2.03 狗是如何被馴化的？

我們不確定狗最早是在何時、何地及出於什麼理由被馴化（事實上，我們甚至不確定人類是否馴化了狗？或者是被狗馴化了？）。大約一萬年前人類開始定點耕作之前，狗是唯一被馴化的動物，很明顯在某個時間點，狗和人類都從這筆交易中受益。狗得到了穩定的食物來源、住所、安全無虞的繁殖期和陪伴的溫暖，而**人類則有了狗幫他們狩獵、放牧牛羊、拖運、暖床、做防蟲偵測警戒，狗夥伴們甚至能化身為糧食和毛料來源。**

最早的犬類馴化距今必定超過四萬年（目前推估狗與狼兩種生物分化最早的時期），但一九一四年發現著名的波昂奧伯卡瑟爾遺址犬（Bonn-Oberkassel dog）之前幾乎沒有考古證據，這具狗化石在一萬四千多年前與一對人類夫婦一起被埋葬。當時這隻狗有二十八週大，牠從十九週大時就罹患了嚴重的犬瘟熱（canine distemper）──一定是在人類的照顧下才能再活得這麼久。

二〇二一年發表在《美國國家科學院院刊》（*Proceedings of the National Academy of Sciences*）的一項文獻探討研究指出，狗於二萬三千年前在西伯利亞被馴化，但這個說法沒有考古證據支持。一些研究表示，馴化可能在二萬五千多年前就開始了，而大約一萬五千年前至今，狗的數量增加了十倍，或許意味著狗完全受惠於馴化。牛津大學在二〇一六年所做一些相當有說服力的研究甚至認為狗可能被馴化過兩次──一次在東方，一次在西方。

在農場家畜的馴化過程中，人犬關係被認為是人類發展的關鍵因素，有助於我們從狩獵採集者轉變為定居的農人。

狗界奇葩錄

皇家柯基犬

一九三三年，約克公爵阿爾伯特親王〔Prince Albert, Duke of York，後來的英王喬治六世（King George VI）〕為他的女兒伊麗莎白和瑪格麗特公主（princesses Elizabeth and Margaret）買了一隻名為「羅札佛金鷹」（Rozavel Golden Eagle）的潘布魯克威爾斯柯基犬（Pembroke Welsh Corgi），後來改名為「杜基」（Dookie）。一九四四年，伊麗莎白公主，未來的女王伊麗莎白二世（Queen Elizabeth II）在十八歲生日時收到她的第一隻潘布魯克威爾斯柯基犬「蘇珊」（Susan）當禮物，此後蘇珊已經繁育了十代。其中一些是柯基與臘腸狗（Dachshund）的混種犬，稱為多吉犬（Dorgi）。女王的其中一隻柯基犬「蒙蒂」（Monty）曾與她一起出現在二〇一二年倫敦奧運開幕式，和詹姆斯·龐德（James Bond）一起搞笑演出。

不過，皇室並非老是偏愛柯基犬。一七六一年，梅克倫堡－施特雷利茨的夏洛特〔Charlotte of Mecklenburg-Strelitz，日後成為英王喬治三世（King George III）的夏洛特王后〕在十七歲時從德國抵達英國，她不會說英語，還帶著幾隻白色的德國狐狸犬（Spitz）。一八八八年，維多利亞女王（Queen Victoria）在義大利旅行期間曾得到幾隻博美犬。一七九三年，法國末代王后瑪麗·安東尼（Marie Antoinette）據說是和她的蝴蝶犬種＊愛犬「希思比」（Thisbe）一起上斷頭臺，不過這麼灑狗血的死法讓人感覺傳說故事不太可能是真的。

＊　編註：蝴蝶犬（Papillon），品種名稱源於法語的「蝴蝶」。蝴蝶犬的兩耳直立外展，酷似蝴蝶的翅膀而得名。這種狗性格平和、活潑、順從、適應性強，適合做為陪伴犬。

2.04 狗兒如何虜獲人心？

狗能幫我們不少忙，但光是派得上用場不見得能得到人的疼愛。比方說，我那具英國賽車綠 Bosch PSB 十八伏特鋰電池無線震動電鑽符合人體工學，且對我相當實用，但我對它的感情算是愛嗎？嗯，其實當我想起它時還真的有點可能。另一個例子應該好一點，我那四支不同尺寸的落錘鍛造活動扳手套件組。我愛它們嗎？呃，好吧，或許這個例子也不好。但我想講的是：只是有用還不夠，還必須讓你**感受**到什麼。

我們之所以愛狗，用生物化學就能解釋得通。**當我們與狗互動時，身體會釋放催產素（oxytocin）、β- 腦內啡（beta-endorphin）、泌乳素（prolactin）和多巴胺（dopamine）等荷爾蒙，以及神經傳導物質 β- 苯乙胺（beta-phenylethylamine）**── **這些全都與情愛、幸福感及親密感有關**。也會發生皮質醇（cortisol）減少的現象，皮質醇是一種與壓力有關的荷爾蒙。簡而言之，當我們撫摸狗時，會感受到一種生化作用下的愉悅快感，這種快感以及它所帶來的一連串親密、養育、依戀和陪伴的循環，正是對愛的最佳定義。其實，無論我妻子多麼不以為然，我也能從設計精美的頂級電動工具中感受到上述這一切，但這種愛不會因此失去任何意義。

另外還有確鑿的證據顯示，**當我們凝視狗時，就和凝視嬰兒眼睛一樣會刺激相同的荷爾蒙釋放**。從某種意義上說，狗挾持了人類賴以聯繫彼此的生化系統。拿這一點與其他寵物比較看看：

我從來沒有因為盯著金魚看而產生荷爾蒙湧動的感覺，不過十一歲的我在某個困惑惶然的時刻，可能曾經在沙鼠蓋瑞（Gerry the Gerbil）那兒得到這種類似的感覺。

養育（照顧他者）這種簡單的行為對人類會產生正面影響。有研究指出，當人們不能或不被允許照顧他人時，他們身心健康受損和感覺抑鬱的機率會增加。照顧狗讓我們感覺良好。

忠犬榜首秋田犬

小八（Hachi）是一九二三年出生的日本秋田犬，牠每天跟著主人上野（Ueno）教授從家裡出發到東京澀谷（Shibuya）車站，然後在那兒等著主人回來和牠一起走回家。遺憾的是，上野教授於一九二五年在工作中去世，但小八仍繼續等了他十年，這期間小八漸漸成為國民傳頌的對象。牠去世當日，日本舉國哀悼，並在澀谷車站立了一座雕像＊紀念牠。

＊ 編註：立雕像之後，人們稱呼牠為「八公」（Hachi-kō）

2.05 為什麼狗喜歡人類呢？

答案很簡單，狗兒們沒得選。我們人類只飼養正好愛我們的狗，而且這麼做的成效非常好：研究顯示，大多數的狗對於人類的情感甚至勝過對其他同類的好感。

但是為什麼狗比其他動物更友好呢？在牠們的基因中可發現一項有趣的解釋。普林斯頓大學（Princeton University）遺傳學家布麗琪・馮霍特（Bridgett vonHoldt）發現了**馴化導致遺傳變異**的證據，**這種變異使狗變得超級熱情**，尤其是比狼更友善。接下來要仔細聽了，因為這有點複雜。遺傳變異是一段有缺失變動的 DNA（發生在一種稱為 GTF21 的蛋白質基因上），這部分可能被以不同的方式破壞，包括破壞後的變異程度差別。這段 DNA 愈混亂，狗就愈友好；愈正常不變，狗就愈冷漠、愈像狼。這與被稱為威廉氏症候群（Williams-Beuren syndrome）的人類先天性疾病非常相似，這種疾病（且不提別的）會使人們異常天真好騙且熱情友好。老鼠身上的相同基因若產生變異，也會導致牠們變得過度外向。相比之下，狼未有變動的 DNA 似乎使牠們對人類較為冷漠警惕。可能當我們選擇飼養最友好的狗時，如同選擇了那些狗狗界的威廉氏症候群患者，而極度外向熱情可能已經成了遺傳性徵。

接納野生動物進入家中，對我們的祖先來說有很大的風險。這意味著分享食物，讓孩童暴露於危險之中。因此，他們只會飼養平靜、保護收養家庭、在身邊幫得上忙的動物。友好的狗會從

與人類積極互動中獲益最多，這又回到生物化學反映的討論（見第 28 頁）。正如我們與狗互動時，體內有令人愉悅的神經傳遞物質釋放，**狗在與我們的互動中也獲得相同的感受：催產素、β-腦內啡、泌乳素和多巴胺以及神經傳遞物質 β-苯乙胺——這些全都與情愛、幸福感及親密感有關。**狗不像我們一樣有壓力荷爾蒙皮質醇減少的現象，但牠們仍然獲得類似的生化作用所致的愉悅快感。

第三章
狗的身體構造

3.01 狗的性愛

哦，啊，太好了。好像在星期一早上教犬類繁殖還不夠糟似的，命運還要我來九年 G 班教這門課 —— 這班和達爾文演化論唱反調的長不大幼稚鬼。

好吧，坐下來讓我們撐過這堂課吧！若要世界上出現可愛的小狗，狗就一定得做愛和分娩。大多數母狗在六到十六個月大時性成熟，這意味著繁殖所需的所有器官組織都長齊全了，牠們的身體可產生荷爾蒙開始排卵。大多數公狗在十個月左右成熟，我猜九年 G 班的男孩們大概直到世界末日都不會成熟。這與狗的近親狼非常不同，狼要到兩歲左右才會成熟。狼也傾向於一夫一妻制，而狗則是多多益善 —— 不，蓋瑞同學，別扯到化學老師諾里斯先生。

母狗一年有兩次發情期（此時能夠懷孕並生下小狗），而狼每年只有一次。很可能是因為人類特意挑選能較頻繁生殖的狗來飼養。

至於交配這件事，公狗對母狗表現出很大的興趣，牠們會嗅聞母狗，在她周遭跳舞，同時壓低上半身，搖晃尾巴。不，蓋瑞，諾里斯先生沒有在聖誕迪斯可舞會上對瓊斯女士這樣做，你一定是看錯了。公狗會經常輕嚙母狗的臉、脖子和耳朵，然後從側面跳到母狗身上。這事還是由母狗說了算，如果母狗不喜歡這隻公狗，她會咬牠並對牠咆哮，或者乾脆翻滾。如果她發現眼前的公狗很有吸引力，她會看起來很溫順，發出嗚咽聲，並將尾巴讓到一旁。

好啦，安靜下來，我們開始吧……狗的陰莖有兩個古怪好玩之處：首先（在動物界很少見），它包含一個稱為陰莖骨（baculum）的細骨頭，當公狗騎上母狗並將陰莖插入陰道時，這骨頭可使陰莖保持筆直。其次，插入後，陰莖根部附近有一處格外腫脹的部分稱為莖頭球（bulbus glandis），它會膨脹並有效地將兩隻動物鎖在一起。如果交配成功，公狗射出的精子就會到達母狗的卵子並使其受精。**公狗隨後會從母狗身上下來，但由於莖頭球脹大，這兩隻動物會繼續連在一起，維持這個姿勢出乎意料地久── 五到八十分鐘之間。**最奇怪的是，確切原因沒有人知道。啊，蓋瑞，看起來你已經為這整個過程畫了非常詳細的圖表。也許你想秀給全班看看，並解釋為什麼那個長著巨大莖頭球的人看起來那麼像你們的化學老師？

狗的孕期約六十至六十八天（人類則有二百八十天），平均一胎生六至八隻幼犬，但一隻至十四隻都屬於正常範圍。儘管這一切都很棒，但為了避免沒人想要的小狗因為無家可去而最終被安樂死，對狗進行絕育還是正確的。如果要為九年 G 班的同學們進行這件事，實在讓人樂意之至。

好啦，謝天謝地，總算講完了。我要閃人了，我要去科學教室看看諾里斯有沒有做完蒸餾剩下的酒精。

3.02 狗會流汗嗎？

不算真的會。狗爪上有一些外分泌汗腺（eccrine sweat gland，直接通向皮膚表面的腺體），但其泌汗量還不足以幫助狗調節體溫。體內平衡（homeostasis）即是調節身體系統使一切維持平衡，包含了呼吸、循環、能量、荷爾蒙等項目的平衡以及體溫調控。

狗的正常體溫約為攝氏三十八・五度（華氏一百零一・三度）──比人類的攝氏三十七度（華氏九十八・六度）高了一・五攝氏度（二・七華氏度）。當人體過熱時，會藉由出汗、呼吸和皮膚的低微輻射來進行溫控（thermoregulate，調節體溫）。然而，大多數的狗身上覆蓋著一層厚厚的隔熱皮毛，所以出汗和輻射反而有加熱的危險。**如果狗真的出汗，牠們很快就會變成一攤厚重、潮溼又悶臭的爛拖把，裡面爬滿了寄生蟲，散發令人作嘔的氣味**，簡直是細菌繁殖的完美環境。

到目前為止，狗最重要的體溫調節工具是喘氣，這樣冷卻的原理與人類出汗大致相同，只是它發生在狗體內。狗的鼻腔、口腔和舌頭的表面積大得驚人，它們沾了唾液所以能保持溼潤，又富含毛細血管（capillaries），會將溫暖的血液帶到表面。當狗喘氣時，空氣通過這些潮溼的表面，經由蒸發的熱交換使表皮下的血液降溫。雖然舌頭裡的毛細血管很多，但鼻腔的降溫效果最好，所以當狗張嘴喘氣時，牠已經開始以最高速調降體溫。血管舒張也可以幫助狗保持涼爽──狗臉上和耳朵的血管擴張，有助於增加熱輻射，在夏天牠們身上柔軟、隔熱的底毛會脫落，使散熱效率提高。

3.03 為什麼狗會朝著南北向排便？

有史以來最古怪卻又最有趣的研究中，有一項來自捷克和德國的研究成果，他們發現，狗排便時，喜歡在地球磁場的引導下，讓自己的身體沿著南北向。母狗排尿時也會這樣，但公狗不會（抬腿似乎會妨礙牠們對齊）。二〇一三年發表在《動物學最前線》（*Frontiers in Zoology*）的這項研究在兩年內追蹤了七十隻狗，進行了五千五百八十二次觀察，不僅證明了這種磁性感應（magnetosensitivity）存在，而且顯示狗對它非常敏感。地球的磁場會波動、移動，甚至翻轉（你沒聽錯：地球的南北兩極過去的磁極與現在相反），每當它不穩定時，狗這種有指向的行為就會暫停。

這遠遠超過「腦洞大開」的程度，對吧。事實上，放牧嚼食青草和倚臥休憩中的牛和鹿有這種怪癖已是眾所周知的事了。赤狐會利用磁性感應來打獵，當牠們朝東北方撲向老鼠時，捉到老鼠的成功率更高（向你保證，這不是我胡扯的）。

如果還想來點更炫的，那麼看看二〇一六年發表在《自然》（*Nature*）雜誌的一項研究，這項研究在狗眼睛裡的光感受器（photoreceptor）中發現了隱花色素（cryptochrome）。這些對光線敏感的分子是鳥類能在日光下藉由光感應磁性所仰賴的導航工具之一（意味著這些分子只有在受光刺激時，才會對地球磁場做出反應）。這增加了狗看得見地球磁場的可能性，儘管需要更多研究才能確定。雖然聽起來可能還是太扯，但請記住，其他動物

的感官敏銳度遠遠超過我們：有些鯊魚對電荷超級敏感，並利用這一點來捕食獵物；許多昆蟲和魚類可以看到紫外線；許多掠食性的蛇都有紅外線視覺感應能力。

3.04 你的狗身上有多少根毛？

每個狗主人都想知道自己的狗身上長了多少毛，不是嗎？這是個很難回答的問題：人為的選擇育種產生了各式各樣身形大小各異的狗，有些是單層被毛，有些是雙層被毛，有些披垂著雷鬼頭般的壯觀長絡〔例如可蒙犬（Komondor）〕，有些身上則是童山濯濯〔像是墨西哥無毛犬（Mexican Hairless）〕。但我們還是試著數數看吧。

首先，我們得根據你家狗狗的體重計算出牠們的體表面積。這會是個棘手的問題，因為瘦小的品種和粗壯大狗之間的表面積與重量比例差異很大，還好《MSD 獸醫手冊》（*MSD Veterinary Manual*）提供了方便的線上對照表。一般來說，五公斤（十一磅）的小狗表面積為〇・二九五平方公尺（三・一七五平方英尺），十公斤（二十二磅）的狗表面積為〇・四六九平方公尺（五・〇四八平方英尺），二十公斤（四十四磅）的狗表面積為〇・七四四平方公尺（八・〇〇八平方英尺），三十公斤（六十六磅）的狗表面積為〇・九七五平方公尺（十・四九五平方英尺），而四十公斤（八十八磅）的狗表面積為一・一八一平方公尺（十二・七一二平方英尺）。

算出表面積後，你得將此數值乘以狗身上每平方公分（約〇・一五五平方英寸）的平均毛髮量。根據《米勒犬類身體構造學》（*Miller's Anatomy of the Dog*）所言，**狗身上平均每平方公分有二千三百二十五根毛髮**，因此將其乘以你家狗狗的表面積，可得到以下**非常**粗略的計算結果：

品種	一般體重	表面積	毛髮數量
小臘腸狗 （Miniature Dachshund）	五公斤 （十一磅）	0.295 平方公尺 （3.175 平方英尺）	685,875 根
法國鬥牛犬 （French Bulldog）	十公斤 （二十二磅）	0.469 平方公尺 （5.048 平方英尺）	1,090,425 根
可卡犬 （Cocker Spaniel）	十四公斤 （三十一磅）	0.587 平方公尺 （6.318 平方英尺）	1,364,775 根
邊境牧羊犬 （Border Collie）	十七公斤 （三十七磅）	0.668 平方公尺 （7.19 平方英尺）	1,553,100 根
拉布拉多犬 （Labrador）／ 黃金獵犬 （Golden Retriever）	三十公斤 （六十六磅）	0.975 平方公尺 （10.495 平方英尺）	2,266,875 根
羅威納犬 （Rottweiler）	四十九公斤 （一百零八磅）	1.352 平方公尺 （14.553 平方英尺）	3,143,400 根
大丹犬 （Great Dane）	六十公斤 （一百三十二磅）	1.56 平方公尺 （16.792 平方英尺）	3,627,000 根

一身雷鬼髮辮的狗狗

匈牙利波利犬（Hungarian Puli）身上所披著的厚厚油膩毛皮會自然轉變發展成綹狀長辮。我強烈建議讀者上網搜尋「匈牙利波利犬跑步」來看看。可蒙犬是類似品種，同樣來自匈牙利，被培育做為牧羊犬，而身上的毛皮使牠們看起來非常像受其保護的綿羊。綿羊並不怕牠們，而狗長大後感覺自己正保護著同種族的「家人」。每年春天，當羊和狗的毛都被剃掉時，這樣的假象就被戳破了，每個人看了一定都會嚇一跳。

3.05 狗狗為什麼可愛得讓人難以招架？

犬科動物的可愛模樣和生物演化科學有關，程度令人吃驚。狗與那些看起來很可怕的狼族親戚已經分道揚鑣好一陣子了，狼有著直立的耳朵、巨大的體型、狡猾的眼睛和長長的口鼻。而狗除了某些品種外，都演化出鬆垂的耳朵；眼睛構造更大、更圓；口鼻較短；有著結實小巧的身體，還有效果奇佳、彷彿專為融化我們的心而生的憂鬱神情。

能做出這種表情靠的是一種巧妙的肌肉，**它似乎已經演化到可以誘惑人心。這種被稱為眼內側提瞼肌（levator anguli oculi medialis, LAOM）的肌肉能讓狗看起來可愛、悲傷又憂鬱。**它位於眼睛上方，靠近前額的中心，緊繃時，狗臉上就會出現皺巴巴額頭、水汪汪大眼，顯得哀傷又脆弱，摸透了人性，完全打中我們的憐愛之心。眼內側提瞼肌最初可能只是基因變異的結果，但已成為一種強大的操縱工具——有研究顯示，收容所裡的狗若在遇到陌生人時動用這部分肌肉，就比較有可能被收養。相比之下，狼沒有這種肌肉。

在行為方面，人類選擇了溫和、可馴服的動物，牠們待在人的周圍仍然快樂且安心。更有趣的是，**我們創造了一種在動物王國中罕見的物種，因為牠們在人類的陪伴下茁壯成長，不僅年輕時貪玩，成年後也一樣喜歡玩耍。**

光看身體，狗非常可愛，眼睛比狼大，鼻子比狼短，所以你可能簡單地斷定，人類選擇飼養狗純粹是因為牠們可愛。但是對於掙扎求生的原始人類來說，犬類的外表可能不是特別重要，

那麼這種狗崽模樣、有著圓滾滾大眼的動物是如何演化的呢？好吧，馴化過程中有一種迷人的變化，稱為幼態延續（neoteny）。基本上，當你選擇狗純粹是因為牠們友善而不是看外表決定時，牠們最終也會保留幼年的特性，即使是長大成熟後也一樣。

一九五〇年代，俄羅斯遺傳學家狄米崔・貝雅耶夫（Dmitry K Belyaev）決定重現馴化過程，好了解演化中的改變是如何發生的，他利用銀黑狐（silver-black fox）來培育馴服的狐狸群，幼態延續的概念在此萌發。儘管貝雅耶夫於一九八五年去世，但備受爭議的研究計畫（該研究似乎缺乏數據佐證）仍在進行中。一開始他養了一百隻母狐狸和三十隻公狐狸 —— 這些是他所能找到最不排斥人的幾隻 —— 當幼崽出生時，牠們都由研究人員人工餵養，但與人類的接觸極少。每一代狐狸中友善程度前 10% 的小狐狸被保留下來，其餘的被送回毛皮農場，牠們的父母也是從那兒運來的。手段殘酷，但研究迷人。**經過了四代，狐狸幼崽變得像狗一樣，搖著尾巴，尋求與人類接觸，而且會回應手勢和眼神。**牠們會咿咿呀呀、嗚嗚咽咽地低鳴，像小狗一樣舔研究人員，長大後則頑皮又親人。牠們也會比較早性成熟，且可能會在非發情期繁殖，生出更多小狐狸。

這項研究最奇怪的發現是，狐狸們連身體也出現了強烈變化（即使選擇的根據只有溫順與否，而不是體型大小）。馴養的狐狸似乎耳朵更垂軟，腿更短，尾巴捲曲，上顎和口鼻較高，以及頭骨較寬。正是人類認為「可愛」的所有特徵。有一點要提醒，貝雅耶夫的研究結果尚未完全發表或說明清楚，關於馴化徵兆的證據還不明顯，但馴化本身似乎確實改變了一些犬科動物的外貌。

3.06 腳掌與爪子的科學

狗是趾行動物（digitigrade），也就是說牠們用腳趾走路，不像人類是蹠行動物（plantigrade，行走時腳趾和蹠骨平放在地面上），也不像牛和馬，牠們屬於蹄行性（unguligrade，以腳趾尖行走，通常有蹄覆蓋它們）。

狗腳爪上的肉墊由角質化表皮（由堅韌的角質蛋白製成的皮膚，類似人類的指甲和頭髮）構成。每隻腳都有四個指狀軟墊（等於是狗的腳趾）圍在心形掌骨墊（類似人類的手掌接近手腕處）上方，前腿內側還有一個很少使用的懸趾，後腿也有的情況較罕見（這就像一個小小的人類拇指）。前腿較高處還有一個腕墊（carpal pad），人體構造沒有類似可對照的東西，它偶爾可幫助狗在下陡坡時快速剎車。

身懷奇技的海鸚犬

挪威海鸚犬（Norwegian Lundehund）能秀的絕活有一籮筐：首先，牠們的腳趾比人家多，有雙懸趾，因此每隻腳有六根腳趾。牠們的頭能一百八十度旋轉，前腿可以轉向，與軀幹形成九十度夾角，還能將耳朵折疊閉合——向前向後都沒問題！人類最初飼養牠們是為了捕獵海鸚。

　　懸趾特別奇怪：所有的狗都有，但許多品種的狗腿上的懸趾小到讓人看不見。前腿懸趾通常有一點骨頭和肌肉，但後腿懸趾很少有。因為懸趾缺乏內部結構，可能受到撕扯而對狗造成巨大的痛苦＊，有些飼育者甚至會為狗動手術將它們切除。某些品種的狗前腿和後腿都有懸趾，大白熊犬（Great Pyrenees）的後腿通常有雙懸趾。狗偶爾會利用它們將骨頭或（我家狗狗很愛的）網球抓得更牢。

　　腳的軟墊有避震作用，它們還有汗腺，可以幫助狗調節體溫，儘管降溫效率不高（狗有時會因為壓力或緊張而透過腳出汗）。**狗腳的獨特氣味是因真菌和細菌在布滿許多微小孔洞的潮溼腳爪中大量繁殖成長。**狗的爪子不能像貓一樣縮回，而且與人類的腳趾甲不同，狗的爪子直接連接到骨頭上，包含神經和血管。當然狗討厭修剪爪子的原因不只這樣。

＊ 譯註：懸趾不與地面接觸，是沒有功能的殘留腳，通常發育不全，第一趾的特退化，殘留第一趾的骨骼與皮膚和肌腱韌帶相連接，很容易被撕咬斷裂。

多出來的骨頭

　　一般的狗有三百一十九塊骨頭，而人類則有二百零六塊。

3.07 為什麼狗狗喝水會濺得一塌糊塗？

狗喝水可能看起來草率凌亂，但實際上是一種相當迷人、高度講求技術、精準掌控時間的運動，稱為加速驅動開放式汲水（acceleration-driven open pumping）。這個過程看起來類似貓的舔食動作，但又大不相同。貓和狗的舌頭移動速度太快，無法用肉眼準確觀察，但發表在《美國國家科學院院刊》的一項研究使用高速攝影機看清楚過程究竟是怎麼一回事。

狗的嘴巴構造使牠們能夠將上下顎張大，以便咬住大型哺乳動物，因此狗的臉頰骨骼並不是嵌合成完整一大片的。這意味著狗與人類、馬和豬不同，無法透過嘴巴產生吸力來喝水。相較之下，狗會向後捲起長長的舌頭，使其形狀類似勺子，砰地一聲落入水中，產生最初的水花。然後狗兒迅速將舌頭拉回嘴裡，濺上來的水會沾在舌頭的頂部，形成一道上升的水柱。然後，當最大量的水上升時，狗會向這水柱前傾，猛地閉上嘴巴，將水喝掉。快速閉合的動作會造成一些混亂噴濺，但整個過程裡，狗每次舔拍能夠喝到的水比用伸直舌頭喝的還多。

狗界長舌婦

最長的狗舌頭紀錄保持者是住在美國密西根州（Michigan）的拳師犬布蘭蒂（Brandy），牠於二〇〇二年去世。根據金氏世界紀錄所載，她的舌頭長達四十三公分（一英尺五英寸）。

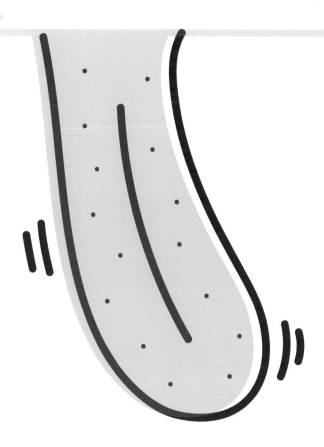

3.08 狗每長一歲相當於人類的七歲，
　　　　這是真的嗎？

狗的平均壽命（這個年齡的狗約半數還活著而半數已死去）為十到十三年，品種不同會有所差異。既然全球人類的預期壽命為七十到七十二歲，顯然可以將其簡化為普遍的換算方式：狗一歲等於人七歲。但現實要更複雜有趣得多。

比較兩種截然不同動物的發育型態並不容易，但我們可以將某些生命中的大事並列比較：斷奶（不再依賴母親的母乳哺育）、性成熟、身體能力和健康狀況衰退。狗在老年時會碰上一些與人類相同的問題：關節炎（arthritis）、失智症（dementia）和關節疾病。研究人員還對照彼此的甲基化圖譜（methylome，我們一生中波動起伏的基因化學變化）來比對各生命階段。

結果顯示，狗一開始成熟得非常快，但到十一歲時，牠們的發育速度減緩，甚至比人類還要慢。狗初期的老化速度非常快，大約在六個月時就開始性成熟期，相當於人類的十五歲，最遲在九個月大就完全發育成熟。狗一歲時相當於人類的三十歲，三歲時相當於人類的五十歲。

當然也有例外。混種犬的壽命比純種犬長約一‧二年，體型較小的品種活得比大型犬久：獒犬（mastiff）通常只能活七、八年，但迷你杜賓犬（Miniature Pinscher）平均壽命為十四‧九年。

3.09 你家狗狗相當於人類多少歲？

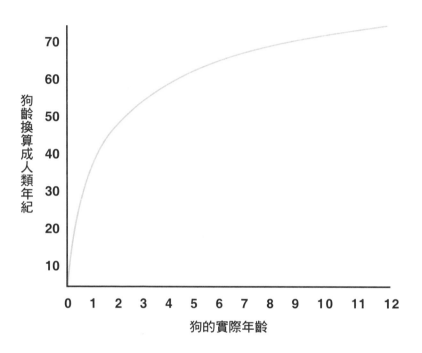

最長壽的狗

世界上最長壽的狗是澳洲牧牛犬（Australian Cattle Dog）布魯伊（Bluey），出生於一九一○年六月，一九三九年十一月安樂死，當時牠二十九歲五個月又七天。

第四章
狗兒生理學噁心版

狗是雜食動物（omnivore），任何東西只要進了牠們貪婪的嘴裡，幾乎都能吃下肚。狗確實需要一些在野外只能從肉類獲取的微量營養素，不過牠們的消化系統能搞定一切，包括纖維。

另一方面，貓就是純粹的食肉動物，這意味著牠們的消化系統只適合 100% 肉類飲食：富含蛋白質和脂肪，但碳水化合物或纖維含量非常低。貓的消化道比大多數動物短，牠們的消化作用主要是將蛋白質和脂肪分解成更小的分子。〔順便說一句，貓不像人類那樣從碳水化合物中產生葡萄糖，而是透過肝臟中的糖質新生作用（gluconeogenesis）產生葡萄糖。這個作用首先將蛋白質分解成胺基酸（amino acids），然後進一步分解成葡萄糖。真神奇，對吧？〕所以，**貓和狗消化方面的主要區別在於，狗生來就能分解纖維，而貓的生理機制卻不行。**

這和放屁有什麼關係？好吧，狗屁主要是由穀物和蔬菜等纖維食物分解產生的，它們並非由小腸中的酶分解，是由結腸中的細菌透過發酵作用分解，而細菌發酵的副產品是氣體 —— 實際上，有很多不同的氣體，其中一些確實很臭。因為貓不吃水果和蔬菜，飲食中幾乎沒有纖維可供任何細菌發酵，因此沒什麼屁可放。再者，狗的屁氣有相當大一部分來自牠們進食時吸入的空氣 —— 狗進食方式一般都是狼吞虎嚥，會吞下大量空氣，而貓通常會優雅緩慢地進食。

狗什麼都吃，大剌剌地放屁，通常放完屁就一副得意模樣。和我走同一種風格。

4.02 扒狗屎，長知識

狗屎（或「犬類排泄物」，申請研究經費最好這麼寫）會出現在一些特別的地方。有個樣本是從距今七千年歷史的中國農村發現的，另一個樣本則是在十七世紀的英國夜壺中發現的。顯然四百年前就已經有些懶惰鬼教他們的狗往鍋裡拉屎，省得帶狗出去散步。**英國的狗年產大約三十六萬五千公噸（約四十萬短噸）的便便（相比之下，帝國大廈的重量才三十三萬一千公噸／三十六萬五千短噸）**。在臺灣，新北市為了解決城市裡的狗屎問題，居民每繳上一袋狗便就能獲得一張摸彩券 *，這個活動總共從四千多人手中收集到超過一萬四千五百袋狗便，其中一名五十多歲的婦女贏得了價值六萬多元（約二千二百美元）的金元寶錠。這項計畫估計使新北市路上的狗屎量減少了一半。

　　那麼，狗屎裡有什麼呢？嗯，這要看你家狗狗吃了什麼、年紀多大、健康狀況如何，通常它包含數十億細菌（活的和死的都有）、未分解的消化不完全食物（尤其是纖維食物）、從消化系統脫落的老舊細胞，以及身體產生的任何奇妙汁液、酶（enzyme）、膽汁、酸液和其他分泌物（用於分解尚未透過腸壁重新吸收的食物）；還有氣體、短鏈脂肪酸（short-chain fatty acids）和其他一些零碎的東西，但這些都不是優質便便散發出濃郁香氣的原因。不，那些氣味來自未消化的蛋白質進入大腸時產生的硫化氫（hydrogen sulphide）、吲哚（indole）和糞臭素（skatole）。這些化學物質只在狗屎成分比例中占了一點點，但它們確實威力強大。有趣的是，當狗排便時，還會從牠們的肛

* 編註：新北市環保局 ⃝ ⃝ 一年開始舉辦的「撿黃金（狗便）換黃金」抽獎活動。

門囊（anal sacs，位於屁股兩側的腺體）添加帶有異味的費洛蒙分泌物（pheromone secretion），這些分泌物會透露關於狗兒年齡、性別和身分的資訊。

讓我們看看這些數字：**光是在美國，每年就產生九百萬公噸（一千萬短噸）狗屎，調查顯示其中只有 60% 被撿起來處理掉，**這真的很糟糕。但即使放入堆肥袋中，狗便便仍會造成問題。如果那個袋子被扔進一般垃圾箱，最終會進入垃圾掩埋場，無法好好地做為堆肥使用，還會發酵產生甲烷──一種特別麻煩的溫室氣體。最好的辦法是將狗屎添加到堆肥中（不過很難聞，處理時要小心翼翼）。狗便便可能頗有用途，能為環境帶來益處，但必須經過正確處理才行，在這方面我們急需找到解決方法。

狗界奇葩錄

皇冠衛生紙的小狗們

自一九七二年以來，衛生紙品牌「皇冠」（Andrex）就利用超可愛但很頑皮的金毛拉布拉多犬來做宣傳，使產品魅力倍增，讓人忘記那個產品主要是用來擦屁屁的。任何心理分析師看了都會知道，廣告潛臺詞是「比起用老邁的剛毛指示犬（Wirehaired Pointer）＊來，呃，清潔屁股，你會比較想用柔軟的小狗吧」。但這個類比說不通的地方就在於：任何夠專業的寵物美容師都知道剛毛指示犬當擦拭巾的效果絕佳，能擦得清潔溜溜。

＊ 編註：德國剛毛指示犬的毛筆直粗硬，有些人認為摸起來像「鋼絲」。這種狗毛有多樣功能，冬天底毛濃厚可以耐寒、夏天底毛變薄可以散熱，基本上可以適應任何環境。

4.03 狗尿小知識

狗尿與人尿極其相似，主要含有**水（95%）**，**其中溶有大量（約占 5%）的有機與無機廢物、金屬和離子**。我曾自上述材料各取一些，在 BBC 電視節目上從頭開始製作尿液。過程非常具有爆炸性。這麼說好了：在沒有做足安全預防措施的情況下，還將鉀放入水中 * 的人絕對是蠢蛋。

基本上，尿液的作用是將物質排出體外，尤其是細胞代謝（cellular metabolism，我們身體的細胞用來產生和消耗能量的過程）後富含氮的副產品，其中包括有機化合物尿素（urea）、肌酸（creatine）和尿酸（uric acid），以及碳水化合物、酶、脂肪酸、荷爾蒙、無機氨（inorganic ammonia）、氯離子（chloride ion）和金屬元素鈉、鉀、鎂和鈣。這些物質之中有許多常見於家用產品：尿素通常做為道路或飛機跑道的除冰粉出售，也是脫毛膏、動物飼料和保溼霜的原料；而肌肉有健康問題的人會以肌酸做為食品補充劑，運動員想提升自己的表現也會服用它。

狗對彼此的小便很著迷，因為它含有氣味強烈的物質，例如帶著大量訊息的費洛蒙（pheromone）。這些訊息會透露狗的性別、生殖器官發育階段、年齡、情緒狀態，甚至是否患有糖尿病等疾病。公狗特別喜歡在自己偏愛的地方撒尿來標記領地，不過與一般大眾的看法相反，這種標記似乎比較像是對其他動物打招呼而非警告。

---

* 編註：鉀投入水裡會浮在水面上，比鈉與水相遇反應更劇烈，常釋放出氫氣燃燒，並發出輕微爆炸聲。

4.04 為什麼公狗撒尿要抬腿？

你家小公狗第一次抬起腿往路燈柱上撒尿的那一天會是你心中百感交集的一天。一方面，你為自己毛茸茸的小兒子感到驕傲，牠正朝著長大成熟邁出一小步；另一方面，你逐漸意識到，從現在開始，這個小傢伙將會對著所有東西、所有人把腿翹起來，恐怕不久就要進入無差別跨騎模式。

但是為什麼公狗要如此明目張膽地抬腿，而母狗蹲得那麼含蓄文雅呢？部分原因在於只有公狗辦得到。陰莖骨使陰莖保持筆直，小便更容易對準，讓牠們可以抬起腿，將小雞雞指向小便斗（porcelain），然後正中紅心，而不會造成太多個人衛生問題。如果母狗也這樣做（也不是什麼大新聞），就比較有可能將一些尿液灑到自己身上，最終可能導致感染或損壞皮毛。

因此，有了方便這樣做的工具，狗就會利用尿液透過氣味標記來傳播關於自己的訊息（尿液中包含許多關於狗性別、健康和年齡的訊息，參見第 62 頁）。但這裡要講一個令人驚喜的小知識：發表在《動物學期刊》（Journal of Zoology）的一項研究指出，**小型犬的腿比大型犬抬得更高，可能想藉此動作製造假象，誇大自己的體型和競爭能力。**

4.05 在狗身上蹭飯的傢伙：
　　　跳蚤、蜱蟲與蝨子

跳蚤

　　狗身上最常見的跳蚤出人意料地竟是貓跳蚤（*Ctenocephalides felis*）。跳蚤身長二到五公釐（〇・〇八到〇・二英寸），有六條腿，身體扁平（看起來像被電梯門夾過似的）。牠們能夠跳躍約二十二公分（九英寸）高——相當於人類跳到帝國大廈 90% 的高度。

　　跳蚤只以宿主動物的血液為食，壽命從十六天到二十一個月不等，只要環境條件適當，牠們可以在沒有食物的情況下存活一年。事實上，跳蚤的生命周期大部分都在宿主動物身上度過，只有在成年後才喝血。一旦吸了血，就會在幾週內成熟、繁殖，然後死亡。**母跳蚤每天可以產下多達五十顆卵，這些卵很快就會和跳蚤的排泄物一樣從狗身上掉下來。幼蟲孵化出來後會以狗身上掉落的跳蚤排泄物為食（你沒看錯，跳蚤吃爸媽的糞便維生），**同時鑽進地毯和床具中。

　　跳蚤或許很噁心，但你不得不說牠們非常神奇。缺點是牠們會引起瘙癢、失血、發炎和過敏性皮膚炎。有辦法的話就擺脫牠們——最好是一開始就別被牠們纏上！

蜱蟲

　　蜱是八隻腳的蛛形綱動物（*arachnid*），造成危害的潛力不小，因為牠們會導致多種疾病〔包括特別棘手的萊姆病（Lyme disease）〕、過敏、貧血、嚴重出血和蜱麻痺症（tick paralysis）。成蟲約三到五公釐（〇・一二到〇・二英寸）長，會隨吸飽血的

程度而有不同，但卵、幼蟲和蛹相較之下更小。春季和夏季時，蜱往往在狗與植物擦身而過時被沾黏起來。然後牠們會在狗身上到處爬行，通常會朝著頭部、耳朵或頸部移動。完整經歷一次生命周期的蜱蟲需要在宿主動物身上吸三次血──而母蜱蟲最容易辨識，因為牠們在充滿血液時體型較大。每隻母蜱蟲一生最多可產下五千至六千顆卵。

應定期檢查狗身上是否有蜱蟲（尤其在春季和夏季）。蜱蟲感覺就像狗皮膚上的小痣一樣，你可能需要梳開狗毛來找出這些令人反感的小東西，通常蜱蟲的頭部和大部分腿部都被埋藏起來，只看得見腫脹的身體和幾條後腿。想殺死蜱蟲應該使用局部點滴殺蟲劑，然後以鑷子或專為此製作的小塑膠器具將牠們拔出來。

疥蟎

這些可怕的蟎蟲有三種主要類型，分別是疥蟎（sarcoptic mange mite，會造成有高度傳染性的犬疥瘡）、毛囊蟲（demodex mite，會引起非傳染性的毛囊蟎疥癬）和耳蟎（ear mite，會感染狗的外耳道和內耳道）。

牠們絕非善類，而且身長不到〇・五公釐（〇・〇二英寸），大多數都太微小，僅憑肉眼無法看到，儘管獸醫或許能在受感染的狗的耳垢中發現耳蟎。到目前為止，最糟糕的是疥蟎，牠們也會感染人類，而且很難找到，因為牠們深入皮膚，產生毒素和過敏原，使狗感覺不舒服並發炎，進而抓撓、摩蹭身體或咬傷自己。另一方面，**毛囊蟲普遍生活在多數狗的毛囊中，除非數量變得太大，否則很少引起任何問題**。牠們會導致狗的毛皮外表看起來像是被蟲蛀蝕了，害得狗兒需要泡在一大堆讓牠們不舒服的殺蟲劑裡。

4.06 眼屎究竟是什麼？

眼瞼內的膜被稱為結膜（conjunctivae），它們會滲出一種叫做稀黏液（rheum）的稀薄黏液〔與淚液不同，淚液是由淚腺（lacrimal glands）產生的，更水潤，有沖掉刺激異物的功能〕。**稀黏液的基本成分為水，是一種黏稠的分泌物，含有大量物質，包括有助於預防感染的抗菌酶（antimicrobial enzyme）；用於識別病毒、細菌和異物的免疫球蛋白（immunoglobulin）；抗菌無機鹽和醣蛋白（glycoprotein），這些全部由黏液素（mucin）結合在一起，將整灘奇妙的湯汁變成黏稠的凝膠。**

稀黏液是好東西，有助於保持眼睛健康及柔軟，同時排斥細微的入侵者。它會不斷產生，通常在眼瞼眨動時就被水汪汪的淚水沖走。當狗睡著時（實際上人類也是），淚液的產量會減少，多餘的稀黏液會從眼睛中滲流出來並脫水（意即其水分蒸發），留下屑殼狀物質，其中含有懸浮或溶解在眼液凝膠中的其他成分。

同樣的過程也發生在人類身上──當鼻黏液（也稱為鼻涕，含有許多與稀黏液相同的成分）變乾時，我們的鼻子裡也會發生相同情況，留下漂亮硬脆的鼻屎。因此，稱眼睛上這種乾硬的稀黏液為「眼屎」幾乎沒啥問題。

有些眼屎是很正常的，可以小心地去除（要當心──眼睛是你家狗狗臉上的敏感區域），如果你的狗產生的分泌物開始比正常情況下更多，或者混合著膿液，可能你的手上已沾有黏液膿性分泌物（mucopurulent discharge），說不定是過敏性結膜炎（allergic conjunctivitis）等疾病。你們就得一起去看獸醫了。

狗的口氣變化差異頗大，幾乎總是反映出牠們的口腔健康狀況。不過，我最討厭的口氣氣味與口腔健康沒啥關係，那是我家的布魯在吃掉貓嘔吐物後就馬上來舔我時吐出的氣味。

狗的呼氣發臭與人類的非常相似：它被稱為口臭（halitosis），但這個詞點出了症狀，卻沒講原因。它通常是由牙菌斑、牙齒或牙齦疾病以及舌頭後部細菌積聚引起的。牙菌斑是由生長在牙齒上的細菌和真菌形成的黏性沉積物，由於細菌會分解糖分並產生酸，因此牙菌斑會腐蝕牙骨，導致蛀牙。這種牙菌膜（plaque biofilm）還可能在其下方積聚厭氧細菌（anaerobic bacteria），引發牙周炎（inflammatory periodontal disease），危害牙齦、結締組織和骨骼。另一種常見的口腔疾病是牙齦炎（gingivitis），它是牙齒和牙齦之間凹槽發炎，也會導致口臭。

細菌喜歡在牙齒表面的微小縫隙中棲身安家，所以大多數狗狗的口臭問題要靠專業的牙膏刷牙來解決。其他解決方法還有特殊（且昂貴）的護齒健牙食品，以及除垢（去除牙菌斑）和拋光（撫平微小裂縫）等牙科療程。

4.08 為什麼狗老愛舔自己的生殖器？

所有的狗都會舔自己的生殖器，這是正常清理程序的一部分。目睹這一切對我們來說並不是特別愉快（尤其是牠們完事後還立即想舔我們的臉），但牠的這個動作完全是為了衛生。要不是有衛生紙、沐浴露和冷熱自來水，我們大概最終也會這樣做。狗在排便、撒尿後舔私處，使其保持清潔（比起舔到糞便和尿液而染病，牠們舔的私處發生感染的風險可能還比較高）。

但讓我們談談黏膜吧。它們存在於需要保持溼潤的身體部位，通常是身上的開口處，例如眼睛、鼻孔、嘴巴、肛門、陰莖或外陰部以及生殖道。**它們會滲出黏液，這種黏液相當有用，有助於殺死任何試圖進入體內的細菌、酵母菌和病毒**。但狗有時需要清理多餘的黏液、汗液、排泄物和各種膜上的分泌物。有時，這些腺體會產生多餘不必要的黏液，基於衛生考量，需要將其舔掉。這是完全正常的，即使飼主看了會覺得噁心。

但如果舔得太厲害，就可能是健康出狀況了，像是尿道感染、過敏、皮膚感染或肛門腺問題。如果是這樣，就該打電話請教獸醫了。

4.09 狗狗舔臉頰有什麼不好嗎？

為什麼狗喜歡舔臉？這通常是一種感情的象徵 —— 狼這樣做是為了歡迎某一個夥伴回歸到群體中，而小狗則是為了增加彼此之間的聯繫。舔臉還有簡單的衛生清潔功能。

但舔臉也有其他作用：在野外，母狼外出打獵會進食，牠回來時，小狼會舔母狼的臉，刺激母狼反芻，好讓牠們也有得吃。在成群結隊的狗之中，群體中地位較低和占主導優勢的成員之間會藉著互舔彼此交流。順服的狗會蹲伏並舔強勢的領頭狗來表明牠們知道自己的位置，狗老大站得直挺挺，接受其他的狗舔舐但不回應。聽起來好像其他的狗軟弱沒出息，但是每個成員都知道自己的位置時，會使群體的複雜結構更牢固。

再強調一次，你的狗舔你可能是因為有正增強效果：以往當狗狗舔你的臉時，你的反應都是積極正向的，你會微笑、大笑，還可能擁抱牠，所以牠現在重複這種行為以獲得更多相同的回應。將舔舔比擬為親吻還蠻恰當的。

但是狗的親吻會帶來什麼呢？好吧，首先簡單來說，是細菌、病毒和酵母菌混在一起的東西。當然，我們自己的嘴裡也含有相當多的微生物，但**寵物嘴裡含有的微生物來自牠們舔過的任何東西：糞便、汙垢、牠們自己的屁股、其他狗的屁股、牠們自己的生殖器、其他狗的生殖器**……你懂我的意思了吧。狗的唾液（正如人類唾液）也含有可清潔和治癒傷口的抗菌化合物，但狗還有些牠們獨有的成分，那可能是我們的免疫系統無法應付的。發表在《公共科學圖書館：綜合》（*PLOS ONE*）期刊上的

一項研究表示，狗嘴中發現的微生物中只有 16.4% 是人犬皆有的。然而，**大多數微生物學家會說，你不應該害怕多樣化的微生物組**——大多數微生物無害，許多是有益的。但這並不是說沒有人畜共通傳染（對人類有害）的可能，其中或許包括大腸桿菌（*Escherichia coli*）、沙門桿菌（*salmonella*）和難辨梭狀芽孢桿菌（*Clostridium difficile*）。

雖然你不太可能因為你的狗舔你而感染疾病，但這種可能性還是存在。老年人和免疫系統受損的人面臨更大的風險，任何開放性傷口以及黏膜處被舔舐時都應該小心處理。但整個世界基本上就是一大堆看不見的微生物攪和在一起，所以偶爾舔幾口大概也沒差。

4.10 為什麼狗喜歡互聞屁股？

為了理解這一點，我們以前認為狗是如何觀察世界的，現在需要改變一下觀念了。答案是牠們**不太**看——至少狗的視覺沒有人類那麼強大。人類的主要感官是視覺，我們的大腦皮層有很大一部分專門用於處理視覺訊息。**另一方面，狗的大腦更適合處理氣味。牠們的大腦中專門用於嗅覺的區域是人類大腦中類似區域的四十倍大。**狗對世界的「認知景象」比較是建立在氣味而非影像上，這對我們來說可能難以理解。

好聞愛嗅的狗狗們

狗的嗅覺強度是人類的一萬至十萬倍。

光是聞一聞臀部和生殖器〔尤其是狗尾巴上的紫羅蘭腺（violet gland），以及肛門旁的腺體〕，狗就能獲取其他狗的大量資訊。因為絕大多數的狗都赤身裸體地走來走去，所以一切身體資訊都不難獲得。像是年齡、性別、情緒、健康、生殖能力和生殖周期階段等訊息，從臀部和腺體都有跡可循。若我們像狗一樣不單憑外表來評判彼此，人類會更快樂，這麼說大家應該都同意。只不過說到展開積極的社交行為革命，或許有比嗅聞屁股更好的方式。

　　奇怪的是，母狗的嗅探行為與公狗不同。發表在《人類與動物學》（*Anthrozoös*）期刊的一項研究得出結論，「母狗專注於『嗅聞』頭部區域，而公狗專注於肛門區域，無論所聞的對象是公狗還是母狗。」很怪對吧。

　　為什麼你的狗會聞**你的**胯下？嗯，人類也會散發出氣味，即使我們自己沒感覺。我們的生殖器和屁股周圍有大量的頂漿腺（apocrine sweat glands），這些汗腺會產生荷爾蒙，與狗的情況相同，會透露許多關於我們本身的訊息：性別、年齡、情緒、健康狀況和月經周期階段。或許我們與狗不屬於同一個物種，但其中一些荷爾蒙與狗的非常相似，雄性對它們特別感興趣，狗會因此產生性衝動。當然，狗不曉得這樣嗅聞的動作會讓人覺得下流不舒服──牠們只是對我們所能提供的訊息興致高昂。

4.11 吃屎狗是怎麼回事？

任何人想到食糞（coprophagia）就感到反胃噁心，但這種現象在動物界卻出奇地普遍。我曾親眼目睹狒狒吃自己的便便，大象、蒼蠅、犀牛、大貓熊和水豚（capybara，世界上最大的嚙齒動物）也被觀察到有這種情況。蝴蝶、蒼蠅和甲蟲都以糞便為食，尤其是草食動物的糞便，因為糞便中含有大量未完全消化的食物。嗯還真美味。白蟻會吃彼此的便便以分享腸道微生物，使牠們能夠消化堅韌的纖維，而兔子和野兔這些兔類動物（lagomorphs）則吃盲腸便（cecotropes，牠們所排出的兩種糞便中較軟的一種），以便給自己第二次機會從粗硬的植物渣吸取養分。倉鼠和刺蝟等小型哺乳動物會從自己的糞便中取得營養（腸道細菌分解食物時，會產生維生素 B 和維生素 K），而如大象和無尾熊等動物的幼獸出生時，腸道已是無菌狀態，成年動物的糞便富含微生物，因此幼獸會將它們吃下去以獲得消化作用所需的細菌。

但是狗不會從吃便便中獲得任何營養，真的嗎？沒人能完全確定，有些狗因為攝取過度加工的現代食品而缺乏某些細菌或酶，獸醫就會建議這些狗吃糞便來取得重新平衡消化系統所需的細菌或酶。**狗通常只吃富含細菌的新鮮糞便而不是已經拉出很久的乾硬狗屎**，這現象似乎也為這一點佐證。食糞症狀有可能表示營養不足，但完全健康的狗也很常發生，尤其是幼犬。**食糞和在糞便中打滾都是個體間模仿行為（allelomimetic behaviour）的**

例子 —— 狗藉由觀察其他狗來學習事物。

　　母狗會舔自家小狗沾滿便便、黏糊糊的屁股，有時為了乾淨衛生，也吃牠們的便便，這些小狗可能會模仿母親，也可能只是狗對強烈氣味的天生好奇心而漸漸養成習慣。想阻止你的狗吃便便，最好的方法是，一看到這個情況，就溫柔而堅定且一刻不放鬆地阻撓牠。

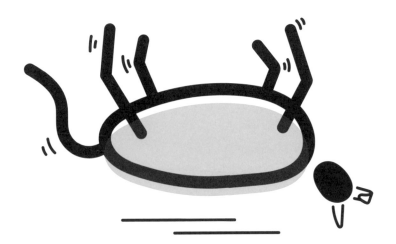

4.12 為什麼狗兒喜歡兩腿開開仰躺著？

隻動物躺著，雙腿大開，迎風晾著生殖器，頭向後仰，下頜不自然地垂下來露出牙齒，還有什麼姿態比這更能展現自信：這是生活過太爽的最佳寫照。會這樣做的不是只有我——狗也是這樣。

當狗和貓仰睡時，牠們會暴露出自己最脆弱的身體部位，因此通常發生在牠們感到自信、安全、舒適且不受威脅時。這也許就是為什麼在戶外睡覺的野生動物或狗很少出現這種姿勢的原因。**表示順服的狗也會對占主導地位的狗翻身露出腹部，這是違反本能的反應動作。**你會認為處於弱勢的動物在霸道強勢的動物面前表現脆弱是極為不智的，但這是一種避免衝突並表示「我不挑戰你統治地位」的方式。這個示弱的動作與普通的睡姿不同，因為它通常伴隨著其他焦慮的跡象，包括垂下尾巴狂搖、捲曲尾巴和身體緊繃。

關於狗仰臥的研究並不多，但有相當多揣測。較有說服力的理論是調節體溫和伸展一下老骨頭。狗透過腳出汗，因此四隻腳爪都暴露在空中可以加速蒸發降溫。與背部的毛相比，牠們腹部的毛相對較薄，因此暴露在外可以散熱。仰臥也能拉伸狗的肌肉。就像我們人類喜歡伸懶腰一樣，它能讓人好好放鬆並緩解關節疼痛。

第五章
不科學的狗兒行為

5.01 狗會有罪惡感嗎？

幾乎可以肯定不會。大約四分之三的狗主人認為他們的狗會感到內疚，約有一半的人認為自己的狗有羞恥心，但狗兒們不太可能會有以上兩種情緒。**狗能夠體驗快樂和恐懼等主要情緒**，並像人類一樣會因應情緒釋放荷爾蒙 —— 快樂時會釋放血清素（serotonin）和多巴胺，害怕時則釋放腎上腺素（adrenaline）和促皮質素（corticotropin）。但內疚和怨懟被視為更複雜的進階情緒，需要心智揣度（將不同的心理狀態歸因於自己和他人的能力）。儘管有一些研究發現，當狗試圖欺騙人類或對其他狗偷藏美食的時候疑似有這樣的情緒，但狗的心智揣度能力不太可能發展到足以感受內疚的程度。

那麼，為什麼狗做了一些讓我們不高興的事情時，總是看起來那麼內疚呢？當你發現自己的狗在地毯上拉了一坨熱氣騰騰的糞便或將你最喜歡的鞋子扯得粉身碎骨時，牠很可能會表現出讓你看成是內疚羞慚的樣貌：畏縮，尾巴向下捲起，耳朵向後，低頭，眼睛向上瞄你或完全避開你。但牠們只是**看起來**內疚，因為我們喜歡以人類的認知脈絡來理解事物。對我們來說，我們認識和喜愛的動物在犯錯後會表現出內疚才有道理。在內心深處，我們**希望**狗有內疚自省的樣子，這樣才能繼續努力原諒牠們。

事實上，這些「內疚」的模樣只不過表明你的狗內心懼怕。狗會根據你的語氣和肢體語言施展出這些姿態（別忘了，狗比人類更擅長閱讀這些信號）。這些也可能是後天習得的行為：你的

狗從過去的事件中記住，如果假裝自己有罪惡感並表現出恐懼的
樣子，就會受到較少的懲罰 ── 或者你的不快情緒會很快消散。
二○○九年有一項有趣的研究發表在《行為過程》（*Behavioral
Processes*）期刊上，內容是**因偷吃零食而被主人責罵的狗，無論
是否真的有這麼做，都會看似感到內疚**（研究人員告訴一些主
人，他們的狗不聽話，偷吃了零食，但其實牠沒有吃零食）。

　　嫉妒的情緒就不太一樣了。二○一四年發表在《公共科學圖
書館：綜合》期刊的一項研究製造了一種情境，讓狗發現主人似
乎對其他狗或無生命物體（例如絨毛狗布偶或書本）特別關愛。
研究者發現，如果是另一隻狗而不是物體時，狗會表現出更多的
嫉妒行為，例如啃咬、擋在主人和那個對象之間，以及碰觸主人
的身體。二○○八年發表在《美國國家科學院院刊》的一項研究
還發現，當狗看到其他狗有所表現並獲得食物獎勵，而自己卻一
無所獲時，牠們就會停止與研究人員合作。背後的原因可能有很
多，但這表示狗感受到一種原始且帶有目的性的嫉妒，對牠們來
說，感覺公不公平很重要 ── 這是有道理的，因為狗的祖先是集
體行動的獵食者，需要團隊合作與和諧的群體生活。

狗界奇葩錄

太空狗萊卡（Laika）

提醒您，繼續閱讀之前，請先準備好面紙。

挨餓受凍對莫斯科的流浪狗是家常便飯，這就是為什麼俄羅斯科學家在一九五七年十一月選擇了一隻性情穩重（但會吠叫）的混種流浪狗擔任史上第一隻繞地球航行的動物，一開始取名為庫德列夫卡（Kudryavka，意為「小捲毛」），後來改成萊卡（Laika，「吠叫者」）。然而，太空船史普尼克二號（Sputnik 2）這趟旅行注定要以糟糕的結局結束，因為並沒有任何讓萊卡活著回來的計畫——這件事在發射後不久就宣布了，一些觀察員為此感到憤怒。蘇聯政府最初聲稱萊卡在氧氣耗盡之前便被安樂死了，但在二〇〇二年，有人揭露在發射期間，牠的脈搏加速，有原本的三倍快，呼吸頻率增加為四倍。儘管活著到達了繞地軌道，但牠很可能在五到七小時內死於過熱和壓力。據信蘇聯在一九五一年至一九六六年間進行了七十一次將狗送入太空的發射，其中有十七隻死亡。一九九七年，一座紀念萊卡和人類宇航員的雕像在俄羅斯的星城（Star City）揭幕。

5.02 狗為什麼搖尾巴？

答案應該很明顯吧？狗搖尾巴，代表牠高興啊！箇中緣由可不只是這樣。剛出生的幼犬已經完全有能力搖尾巴，但牠們直到約六、七週大、開始與彼此有社交互動時才搖晃尾巴，從這一點就可見還有其他原因。

有人認為尾巴最初是為了輔助平衡而演化出來的：狗在沿著狹窄表面行走時，尾巴在兩側間來回擺動，好讓傾斜的身體回正。尾巴還可以幫助狗在高速奔跑時急轉彎，發揮反向平衡的作用，防止失控翻轉 —— 在狩獵時特別有用。

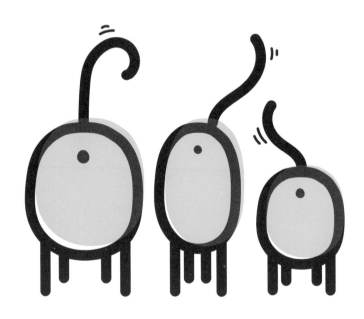

但在靜止狀態下，尾巴對身體就沒什麼重要性，因此演化的力量介入，將它們轉變為一種溝通工具。狗是群居的社會性動物（而貓不是），因此牠們擁有多種溝通信號，有助於抵禦侵犯者，並在盡可能減少衝突的情況下一起狩獵、生活、繁殖和撫養幼犬，這一點非常重要。正如前面所述，小狗搖尾巴始自牠們學會彼此互動時。牠們在餵食時經常搖擺尾巴，表示自己心情平靜地前來了，即使牠們剛才還在打架嬉鬧。

　　搖尾巴確實可以表示心情愉快，但也可能意味著恐懼、挑釁或更糟的意思 —— 這是狗比人類更擅長閱讀的眾多信號之一。相較於平時的高度（不同品種的狗靜止時的尾巴高度可能差異很大），狗尾巴擺動時的高度可表達相當豐富的內涵：**中等高度的擺動表明狗很放鬆，低角度擺動表明服從，但垂直挺立的尾巴是統治者的象徵，如果尾巴以快速小幅度搖擺，則可能是即將發動攻擊的跡象。**

最長狗尾巴

根據金氏世界紀錄記載，史上最長的狗尾巴長七十六·七公分（三十·二英寸），尾巴的主人是來自比利時韋斯特洛（Westerlo）的愛爾蘭塞特犬（Irish Setter）基恩（Keon）。

5.03 尾巴左搖與右搖有何不同意涵？

狗較常往左或往右搖尾巴要視其情緒而定。在《當代生物學》（*Current Biology*）期刊發表的一項研究中，給三十隻不同的寵物狗分別看了四個人物：牠們的主人、一個不熟悉的人、一隻貓，以及一隻陌生而強勢的狗。當狗見到主人時，牠們的尾巴搖得有力且偏向右側，而陌生的人類使牠們溫和地向右搖尾巴。看到貓則讓牠們的尾巴緩慢適度地向右側搖擺，但不熟悉且咄咄逼人的狗會讓牠們向左側搖尾巴。

當狗對某事有正向的感受時，牠們似乎較常向右搖尾巴，而當牠們有負面情緒時，則尾巴多往左搖。這種傾向可能只是一種演化後的指示信號，可以幫助狗相互溝通：事實證明向右擺動的尾巴可以讓路過的其他狗放鬆警戒，而尾巴向左擺似乎會帶給牠們壓力。

但也有人提出，這是狗的大腦左右半球控制不同功能所致：當尾巴向左擺動時，主要是受右腦操控，右腦一般掌控和表達強烈的情緒，如恐懼和攻擊性，因此也包含畏縮（負面情緒反應）。當尾巴向右搖擺時，它是受左腦控制，這部分控制比較多正面情緒。

搖尾巴大有學問

搖晃的尾巴有何意義視情境而定，所以要小心解讀。那有可能表示狗很高興或好奇，但也可能意味著牠即將發動攻擊。

在其他研究可看到，狗受到帶有威脅的刺激時，頭容易向左轉，許多動物（包括蟾蜍和馬）在看到左側而不是右側的潛在威脅時，會表現出更強的迴避反應。狗對聲音的反應也是如此：研究發現，落雷巨響的可怕聲音會使狗將頭向左轉，而較為熟悉的狗吠聲則使牠們的頭向右轉。

5.04 你家狗狗有多聰明？

針對狗的行為所進行的科學研究相當多，原因很簡單，與貓相比，狗超級容易研究。牠們乖巧聽話，以食物獎勵很有用，又喜歡取悅人類，對研究環境很快就能適應。甚至在噪音惱人的核磁共振掃描中，仍可以讓狗依照指令行動，使科學家們得以研究牠們的大腦。你試試對貓這樣做，很可能賠上一隻眼睛。但是，儘管狗兒以高智商著稱，但狗的大腦相對較小——根據品種差異略有不同，大約有一顆檸檬那麼大——而且在許多任務中的表現並不如其他動物。

大多數動物認知的研究者表示，比較狗和人類（或鯨魚、螞蟻，任何其他物種都行）的聰明程度是不大有意義的。狗非常聰明，才有把握延續自己的物種：具體地說，即是延續這種晚近才馴化、打獵食肉又群聚社交的犬科動物。同樣，鯨魚的智力和體能取決於牠們所處的水下環境、食物來源和掠食者，而螞蟻生活在複雜的社會中，如果牠們的智力、需求和個性與人類相同，螞蟻社會就無法正常運作。

大腦的大小本身並不算是特別好的智力指標，藍鯨的大腦重達九公斤（二十磅），而沙漠螞蟻的大腦僅〇·〇〇〇二八公克（〇·〇〇〇〇一盎司）重。**但是大腦尺寸與體型大小的相對比例確實有些影響，在這方面，狗的大腦與身體比例為一：一二五，而人類的比例為一：五十，馬則為一：六百。**儘管如此，我們仍然可以就記憶力、自我意識以及在算數、感官、空間、社群

和現實等方面的認知能力（對實體世界的理解）進行一些有用的比較分析。

　　人們認為狗可以記住大約一百六十五個單字和指令（智商前20%的狗能學會多達二百五十個單字），能數到四或五，還會欺騙人類和其他狗以獲得獎勵。最後這點尤其重要，因為這代表牠們可能擁有基本的心智揣度能力（正如我們先前提到的，這是一種將各種心理狀態歸因於自己和他人的能力）。狗非常擅長閱讀人類的手勢和表情，並能跟隨人類的指示（貓、大象、海豹、

狗界奇葩錄

萊西（Lassie）

一九四〇年，英國作家艾瑞克・奈特（Eric Knight）出版了小說《靈犬萊西》（*Lassie Come-Home*），這本小說在一九四三年改編成米高梅（MGM）的賣座電影（不幸的是，同一年，奈特在南美洲的一次空難中喪生）。萊西的著名事蹟多為奔走求援、帶領人們遠離危險，以及將流浪狗帶回家。牠成為備受喜愛的角色，也是許多電影和電視劇中的常客，包括 CBS 節目《靈犬萊西》，這檔節目在一九五四年至一九七三年間由許多隻不同的長毛牧羊犬（Rough Collie）擔任主角，播出多達五百九十一集。第一任萊西是隻名叫帕爾（Pal）的公狗（雖然小說中的萊西是母的），出現在最早的六部電影和兩部電視劇試播集中。牠的許多後代繼續在隨後的電影和劇集中扮演這個角色。

雪貂和馬在某種程度上也做得到這一點）。這點之所以重要，在於這是跨物種的想法訊息共享（狗明白我們想要與牠分享自己感興趣的東西），這大概就是為什麼我們對狗進行了如此多科學研究。**獵犬還會以動作定格來回應人類的青睞，通常會舉起一隻腳爪，嘴鼻朝向牠們希望我們看的方向，以幫助我們發現該關注的東西，例如獵物。**

犬類智商複雜還有一方面值得令人玩味，即是理智抗命（intelligent disobedience）。如果導盲犬認為主人的命令會使他們處於危險之中，牠懂得拒絕，這是一種非比尋常的能力 —— 畢竟狗所學的是服從主人，此能力與所學相矛盾。但情況還可以更加複雜：比如說，如果狗因為前面有一段樓梯而拒絕移動，主人可以使用一個代碼字詞來否決狗的反對舉動，表明他知道樓梯在那裡。然而，如果主人使用的代碼字詞錯誤 —— 也許他們認為自己面對的是人行道邊沿而不是樓梯 —— 狗仍然會拒絕移動。只有當狗聽到正確的代碼時，才會讓主人繼續前進。如果狗察覺到像是懸崖峭壁這樣的險境，牠會乾脆拒絕前進。耶魯大學的一項研究表明，**狗面對錯誤的指示就不聽從，這點做得比三到四歲的孩子更好。**

母狗還能理解物體恆存（object permanence）的道理，但公狗不行，有趣吧。物體恆存概念指的是物體不應該隨便就變成其他東西，而且在看不見時，它們不見得就是人間蒸發了 —— 這是人類需要很長時間才能學會的道理。在某種程度上，狗還會預測主人可能回家的時間，表現出牠們具有時間感。

狗有辦法辨識同類和人類的情緒，牠們會利用人類為牠們

解決一些問題（這該解讀為聰明過頭還是腦筋不好呢？），並能記住類似情景（日常事件的記憶）。**萊比錫（Leipzig）的馬克斯普朗克演化人類學研究所（the Max Planck Institute for Evolutionary Anthropology）裡有隻做為研究對象的邊境牧羊犬，名為里可（Rico），牠知道二百件物品的名稱，而且能夠透過排除法推斷新詞語名稱來快速配對（fast-map，能迅速猜測新詞彙的含義）**。也就是說，先給里可看一個牠從未見過的新物品，然後以一個牠從未聽過的名字要求牠遞上某件新物品時，牠能想得到新名稱和新物品必定相對應。牠還懂得將物品交給特定的人。這對你來說可能算不上什麼，但人類只有到三歲左右才有能力完成這任務。

來看看狗在智力競賽不利的一面，二〇一八年發表在《學習與行為》（*Learning and Behavior*）期刊的一項研究得出結論，與黑猩猩、海豚、馬和鴿子相比，「狗的認知能力看來並不特別突出」。狗的感知和感官認知非常出色，但和其他許多物種差不多；狗的空間認知能力也不錯，但也不算特別優異，對實體世界的認知能力比起一些物種就乏善可陳了。狗的社交認知能力非常棒，但黑猩猩更容易表現出欺騙行為和同情心，在自我意識測試中，黑猩猩和海豚都做得比狗好很多。鴿子的模式識別和歸巢能力遠遠超過狗，黑猩猩會使用工具，浣熊在拉線測試方面比狗強，而綿羊在臉部辨識方面可能做得更好。不過愛狗人士也不必灰心：儘管狗在特定領域不一定比其他動物表現得更好，但牠們在許多不同的智力類別始終表現良好，並且非常聰明地發揮其物種本色：打獵食肉，群聚社交，晚近才馴化，這還不夠嗎？

5.05 你家狗狗是真心愛你
（或只是不得不）？

我們當然都**認為**自家的狗很愛我們——我的狗見到我總是很開心，會和我一起出去玩，渴望和我一起玩，會搖尾巴，舔我的臉打招呼。但牠做這些事情會不會只是為了得到自己想要的東西：人的關注、吃一口羊角麵包，或是有球玩？為了追根究柢，我們不能再將愛視為一種不可定義、神奇美妙的黏糊糊玩意兒，必須將這種軟綿綿、霧濛濛的概念丟到一旁，並將情感層層剝開，直到具體細瑣的元素一一俱現（對不起了，心存浪漫幻想的各位），然後就會發現，愛不過就是生物化學。

　　我們可以將愛分解為三個基本的生化系統，以不同的荷爾蒙（由體內腺體產生、能影響活動和行為的化學物質）為分類標誌。第一個系統（並不真正適用於人狗之間的愛，但很有趣值得一談）是性吸引力，也就是睪酮（testosterone）和雌激素（oestrogen）釋放的效果，這兩種成分對每種生物的繁殖周期都極為重要。

　　要愛上你的寵物，第二個系統絕對更為重要：吸引力。與之相關的化學物質是多巴胺（一種讓我們感到愉悅的荷爾蒙和神經傳導物質）、血清素（一種複雜的神經傳導物質，許多人稱之為「幸福化學物質」，但更恰當的描述可能是情緒穩定劑，或者，聽來有點怪，凝血劑）和去甲腎上腺素（norepinephrine，一種增加興奮和激動強度的荷爾蒙）。當我們與狗互動時，我們兩者體內的這些荷爾蒙濃度都會發生變化。

第三個生化愛情系統（真適合當樂團團名）是依戀，同樣也有更多生化物質變化。當狗主人與自己的狗接觸時，主人們的荷爾蒙濃度就幾乎和他們對人類產生依戀時一樣——催產素含量增加為原本的五倍，腦內啡和多巴胺也翻倍（有趣的是，當狗和主人凝視對方的眼睛時，也會發生這種情況）。這些荷爾蒙的含量變化與親密感、歡愉和喜悅有關。

　　還有其他證據表明狗的心中有愛。神經科學家格雷戈里・伯恩斯（Gregory Berns）博士做過一些驚人的研究，他使用功能性核磁共振造影掃描（fMRI scan，透過血流變化檢測來測量大腦活動），顯示出只有狗兒所熟悉的人類會刺激狗的尾狀核（caudate nucleus，大腦中與正向期望相關的部分）出現活動，而陌生人則不會。

　　問題是，**儘管我們知道狗產生愛的生化反應基本上與人類相同，但我們無法從這些知道狗對愛的體驗是否與我們相同**。但值得注意的是，這種人狗互動促發的生理反應通常比狗對狗的反應更強。當然，還有一種可能性也很誘人，狗對愛、幸福或快樂的感受或許比人類**更**強烈，而不是較無感，覺得這整件事的浪漫感性全被嘰哩呱啦生物化學抹殺的人，這麼想心理上就多了一點掙扎抗辯的餘地。

狗沒有複雜情緒

狗只有基本的自我意識，不會感到內疚。然而，牠們能夠對其他狗產生同理心和嫉妒之情。

5.06 我的狗在想些什麼？

要知道狗腦子在想什麼很難，因為牠們不肯告訴我們。雖然話說如此，就算我們人類想知道自己同胞在想什麼也很難，有語言、美術、音樂、戲劇和舞蹈等複雜的工具來幫助我們交流溝通也無濟於事。一個人感受到愛、內疚或信心的方式可能與另一個人不同，就像狗可能會以不同的形式感受到快樂一樣。

　　但是我們可以稍稍深入釐清一下狗的思考。為了理解犬類的思維，神經科學家格雷戈里・伯恩斯博士和他的研究團隊訓練狗自願進入 fMRI 掃描儀，以便掃描牠們的大腦，他精彩的著作《當條狗是什麼感覺》（*What It's Like to Be a Dog*）解釋了這項研究的發現。他發現狗和人類（以及所有哺乳動物）的大腦運作方式有著驚人的相似之處。伯恩斯推斷，因為我們和狗有許多髓突（neural process）相同，我們很可能有極類似的主觀體驗。他還得到了結論，因為不同的狗對相同的經歷似乎有不同的神經反應，所以從神經學的角度來看，狗很可能確實有個性。狗主人或

聰明的狗兒

狗大概和兩歲的小孩一樣聰明。普通的狗能懂得約一百六十五個字詞與手勢。

許會認為這顯而易見，但這一點動物行為學家一直不願輕易肯定。

　　那麼，狗對人類會有同理心嗎？牠們能分享我們的感受嗎？二〇一一年發表在《動物認知》（*Animal Cognition*）的一項研究發現，當狗遇到一個哭泣的陌生人時，牠們會用鼻子聞、用鼻子蹭和舔舔陌生人，而不是舔牠們的主人。研究人員得出結論，狗對人類表現出移情行為。但他們補充說，從嚴謹的科學角度來看，這可能被解釋為「情緒感染（emotional contagion）」再加上後天習得的行為——而非真的表現出同理心，牠們這麼做可能只是反映了一件事，即牠們曾經「因為接近陷入困境的人類同伴而獲得獎勵」。

　　狗確實對我們有強烈的感情；一些研究甚至發現，狗兒們對人類比對同類更感興趣。我們很容易認為這是理所當然的，不過卻忘了一個物種與另一個物種玩在一起、產生情感聯繫是多麼不尋常。二〇一五年發表在《當代生物學》期刊的一項研究利用狗的大腦 fMRI 掃描，顯示當陌生人類出現快樂、悲傷、憤怒或恐懼的臉部表情，狗能夠辨認它們之間的差異。

　　就其本身而言，這些都不能證明狗的思考方式和我們一樣，但有一些值得玩味的線索。有證據表明，在狗的眼中，會幫助其飼主的人，牠們比較有好感，狗的大腦對笑聲和吠叫的反應與人類相同，而且牠們會與我們分享情感。但我最喜歡的犬類同理心研究是義大利那不勒斯斐特烈二世大學（the University of Naples Federico II）的比亞吉歐・狄安尼洛（Biagio D'Aniello）所做的，他發現**狗可以從我們的汗水嗅出我們的情緒狀態，然後牠們也會出現相同的情緒。**我就知道你行的！

5.07 狗為什麼會打哈欠？

人類為什麼會打哈欠，沒有人有確定的答案，但我們知道這與疲倦、無聊以及壓力有關，而且它具有傳染性。在學校裡，我們曾經暗地裡舉辦過打哈欠比賽，在比賽中，我們會盡可能醒目地打呵欠，直到終於讓老師也打哈欠。那時候真快樂。不過對於狗來說，就不是這麼一回事了。

狗有時會因為疲倦而打哈欠，但更多時候是因為壓力和焦慮。當我家的狗狗布魯知道我們就要出去散步，但我卻在煮咖啡、為靴子繫鞋帶，還因為忘了帶一些遛狗的必需工具〔隨行杯、書本、網球（兩顆）、耳機、便便袋、鑰匙、大腦……〕不停地返回家裡，牠就會很沮喪，一遍又一遍地打哈欠。每次打哈欠都達到牠想要的目的，讓我著急、慌張、忘記更多東西。當我家的狗真可憐。

狗狗訓練師說，在訓練中表現不佳的狗經常打哈欠，而內行的遛狗者表示，性格順服的狗通常以打哈欠回應攻擊性強的狗。**打哈欠在狼群和狗群中也具有傳染性，尤其是當牠們受到壓力時，但關於打哈欠最美好的事實是，無壓力的哈欠在人和狗之間也具有傳染性**。東京大學的研究人員發現，如果打哈欠的是狗熟悉的人，牠們比較有可能自己打哈欠來回應人類的哈欠。研究人員的結論是，這是一種同理心的表達：「狗彼此間傳染打哈欠與人類的情感聯繫方式類似。」

5.08 為什麼狗感到困惑時，
頭會側一邊斜傾？

當主人靠近時，許多狗會將頭偏向一側。當我的狗不明白我在說什麼時也會這樣，通常是我為了看他歪頭而故意對牠講些不知所云的胡說八道 ── 那樣子太可愛了！

狗為什麼會這樣，幾乎沒人研究過也沒有明確的答案，讓我們陷入了各家瘋言瘋語、奇思狂想雜處的**意見**荒野。所以以下詳細列出一些簡要總結後的觀點。

許多獸醫認為狗感覺困惑時會傾斜頭部，因為這個身體動作與其他試圖解決聽覺問題的行為有關聯 ── 尤其是當牠們試圖確認聲音的來源方位時。這個理論相當有說服力，因為狗遇上不了解的單字時，似乎確實會有傾斜頭部的反應。這理論的漏洞是，狗能不能理解你說的話，歪頭的動作一丁點影響也沒有。儘管如此，狗狗們雖然有許多無用的演化殘餘怪癖，但這些也不至於糟糕到需要在人工培育過程中篩除掉。

心理學家斯坦利‧科倫（Stanley Coren）寫了很多關於犬類行為和認知的書籍，他認為狗的鼻子會阻礙其視力，所以傾斜頭部可以讓牠們將我們的臉看得更清楚，尤其是我們的嘴巴。另一方面，史蒂芬‧林樹（Steven R Lindsay）的《狗的行為和訓練應用手冊》（*Handbook of Applied Dog Behaviour and Training*）則推斷**狗的大腦裡控制中耳肌肉的部分同時，也負責臉部表情和頭部運動**，所以當狗傾斜頭部時，牠們正試圖弄清楚你在說什麼，並告訴你牠們正在聽。

還有一種更簡單的看法或許說服力更強，這是一種學習行為 ── 也許狗只是喜歡我們看到牠歪頭時的正面反應。

5.09 狗狗「暴衝」到底是在搞啥？

狗似乎時不時就會狗來瘋，從一個房間跑到另一個房間，在家具上蹦蹦跳跳，腿像華納卡通裡的大笨狼威利（Wile E Coyote）一樣忙碌轉個不停，有時追自己的尾巴，有時繞圈子狂奔。我家狗狗的「暴衝模式」是透過淋浴或洗澡觸發的，牠自己似乎非常享受。這些奇怪的能量爆發現象被稱為 FRAP（Frenetic Random Activity Periods，瘋狂隨機活動期），聽起來一本正經好像是科學研究名詞，其實人們對它知之甚少，儘管非常常見，而且在貓身上也有類似情況。

關於暴衝模式，在沒有任何正統科學研究資料的情況下，我們只能求助於報章雜誌、部落客和其他各方**意見**，拾得一知半解。好，意見可能是誘人的好聽話、由衷的肺腑之言，其中一、兩個**甚至**有可能為正解，但它們不能取代未知的事實。儘管如此，這裡分享其中一些：

一、暴衝似乎與任何神經系統問題無關，甚至可能對狗有益。只要牠們不一頭衝進洗碗機裡。

二、暴衝中的狗不要追，因為牠們會過度興奮而不那麼靈活，最終可能會一頭栽進洗碗機。

三、暴衝最常發生在狗吃過東西、洗過澡或散步回來後，以及睡覺前。

四、暴衝模式好發於幼犬與年紀較輕的狗。

五、之所以沒有人對暴衝現象進行任何研究，是因為這似乎不會給狗或主人帶來任何問題，因此不值得投入金錢或時間去研究。

六、暴衝模式的其他名稱包括「小狗入魔（puppy demons）」、「屁屁碰撞（hucklebutting）」和「繃緊緊（frapping）」。這些都是亂取的。暴衝就是暴衝。句號。

狗生匆匆

狗的生活過得比我們快：牠們的體溫、血壓比我們高，心跳與呼吸比較快。

5.10 狗會做夢嗎？如果會的話，
夢中出現什麼？

儘管不必為五斗米賣命加班工作，也沒有玩《當個創世神》（Minecraft）玩到無法自拔，狗的睡眠時間可能還是沒你所想的那麼多。有研究表示，指示犬有 44% 的時間處於警覺狀態，21% 處於昏昏欲睡狀態，12% 處於 REM（Rapid Eye Movement，快速動眼期）睡眠狀態，23% 處於深層慢波睡眠狀態（deep slow-wave sleep）。

狗是否會做夢無法確定，因為牠們一點也沒辦法告訴我們，但所有的神經學研究得到的證據都表示狗會做夢。**牠們的大腦在睡眠時顯示出與人類相似的波形和活動，並且牠們也會經歷類似的睡眠階段，包括快速動眼期**，伴隨著不規則的呼吸狀態和顫動的眼皮。這個時候牠們最有可能做夢 —— 當人類在快速動眼期被喚醒時，通常會說自己正在做夢。我家的布魯偶爾在睡覺時會同時低吠、嚎叫和嗚咽（我會大聲喊叫讓牠平靜下來，但是否有用就見仁見智了），而且牠的腿會抖動，讓我覺得牠可能在夢裡追松鼠。牠真的超愛追松鼠。

狗的夢境裡有些什麼呢？如果我們拿老鼠 —— 以及人類 —— 的夢來對比類推，狗很可能正在回憶白天發生的事情，或者重演一次牠們的日常活動：外出散步、保衛自家房子、追逐松鼠、奔跑、偷咬球、追松鼠、召集全家人外出蹓躂、追松鼠、追松鼠、追追追。

5.11 巴夫洛夫在嘮叨碎念些什麼？

人們有時會以「巴夫洛夫反應（Pavlovian response）」一詞來描述如何將聲音與餵食連結在一起，以此誘使狗未見到食物但光聽見聲音就會分泌唾液。這現象被稱為條件反射（conditioned reflex），這都起源於古典制約（classical conditioning）的實驗研究。一九三六年去世的俄羅斯心理學家伊萬·彼得羅維奇·巴夫洛夫（Ivan Petrovich Pavlov）是這個領域的權威，他研究犬類消化系統時，幾乎可說是無意間發現，狗會在不同時間點以不同的速度流出口水。

巴夫洛夫進行了一項實驗，當研究人員給狗餵食，而狗因此流口水時，蜂鳴器或節拍器也在同一時間響起。透過古典制約反應，狗將聲音與被餵食一事聯繫起來，只要聽到聲音就會流口水。巴夫洛夫以此為基礎發展出一整套行為理論，現在被應用於許多不同的情況，尤其是課堂上。教師通常會使用古典制約的方法來操縱課堂環境，好促進積極學習或誘發學生安心舒適（有時是恐懼敬畏）的心情——也許是透過調暗燈光、舉起留校查看名單或進行像是鼓掌三遍之類的活動，學生們已漸漸熟悉這些要他們保持安靜的暗示手法。

順便說一句，大多數人認為巴夫洛夫是使用鈴鐺提示食物到來，但沒有證據表明他曾經這樣做過。他使用的其實是蜂鳴器、節拍器，有時還使用電擊。如果你想讓自己顯得博學多聞，你應該在任何人提到巴夫洛夫時講述這件事——不過這可能會讓自己變得有點討人厭。

5.12 為什麼狗狗愛埋東西？

埋藏食物這種行為被稱為「預留貯存（caching）」，它是一種天生自然的生存本能，演化後依然未消失。如果狗的祖先天性就會將多餘的食物藏起來，不讓掠食者和族群裡其他成員發現，然後在饑餓時挖掘出來享用，那麼牠們就能提高存活的機率。當然，養在家裡的寵物不需要如此保護自己的食物，現在主人會親切地滿足牠們的所有需求，但即使某一種行為不再有必要，可能還需要很長的演化時間才能適應。狗也會毫無意義地把食物塞到沙發後面，把玩具埋起來，這些都讓人見識到這種本能的力量超出了合理有用的範圍，不過過多的預留貯存有時會被診斷為問題行為，反映出狗的無聊、焦慮或防禦性心理。

對於演化過程中大多一起狩獵的社會性動物來說，預留貯存這種本能行為中的自私心態似乎很奇怪，但即使是合作無間的狼群在分配打獵的戰利品時，也會遇到麻煩，有時還會爆發打鬥事件——儘管父母和兄弟姐妹能自在地與幼獸分享牠們的食物。

松鼠、倉鼠、許多鳥類以及人類都和狗一樣有這種埋藏東西的本能。我曾經借宿在加拿大北部北極圈內的因紐特人（Inuit）家庭裡，他們將海象屍體埋在地下好幾個月，這會使肉發酵熟成。他們挖了一大塊讓我嘗嘗，雖然我覺得那味道很刺鼻，令人害怕，但他們全家人都很喜歡，連一個蹣跚學步的兩歲小孩也愛。

5.13 狗為什麼這麼貪玩？

還用得著解釋嗎？狗愛玩就是因為這樣好玩啊！但從行為科學的研究角度來說，光是樂趣還不足以構成有力的理由。玩耍需要時間和精力，而根據演化的原則，凡是與狩獵、進食或繁殖無關的活動都必須有助於野生動物的生存，否則這些活動就會在演化中被淘汰。許多年幼的哺乳動物會玩耍（狼的幼獸甚至會和人類玩你丟我撿），但狗的不尋常之處在於，牠們即使在成年後，對玩遊戲的胃口還是很大。人工選擇培育很可能是原因之一——在狗被馴化的過程裡，人們選擇了那些行為表現最像幼稚小狗的，因為認為那樣很可愛。

有很多證據指出，動物可以藉由玩耍學會社交技能，還能測試並加強社交連結（對群體動物尤其重要）。這也有助於牠們的體能和認知發展，使牠們應對意外情況時的情緒更有彈性，幫助牠們了解自己異於其他動物的獨特能力。但是，有關動物玩耍時動用了什麼機制，幾乎沒有觀測證據，而且經過一個多世紀的研究，它對演化有何作用在科學界也幾乎沒有共識。為什麼社交遊戲能幫助一個物種續存繁盛？

很多時候玩耍嬉鬧讓人分不清究竟是聯誼示好的表現，還是相互攻擊的打鬥：玩的內容包括互相嘶咬、攀騎、追逐和壓制。為了確保和平玩耍（並促使遊戲繼續下去），狗使用許多不同的信號來邀請彼此玩耍，並使牠們的活動步調一致。**典型的邀請動作是「表演鞠躬（play bow）」，狗將前腿攔放在地上，然後將**

屁股翹起來，通常同時吠叫和搖尾巴。這也會發生在遊戲過程中，暫停，然後再一次表演鞠躬之後，又開始玩起來。其他信號包括跳躍奔跑、尖聲吠叫、低垂頭部、伸爪撓抓，有時還有佯裝撤退的動作。

　　我們可以肯定的是，玩耍會產生愉悅感受：釋放讓狗感覺良好的荷爾蒙。人擇育種有其意想不到的缺點（人類偏愛的一些身體繁殖特徵對狗卻有害），不過我們選擇了頑皮、開心的狗，而且快樂的狗往往是社交能力良好的狗，這一點**應該**對狗這個物種是正面有益的。

狗界奇葩錄

頑皮的白宮第一犬樂奇（Lucky）

法蘭德斯畜牧犬（Bouviers des Flandres）最初是牧羊用的狗（*bouvier* 的意思是「牛仔」），但一九八四年有隻名叫樂奇的法蘭德斯畜牧犬被送給南希・雷根（Nancy Reagan），並住進白宮。但不到一年，樂奇就被貶謫到雷根家族位於加州的牧場，因為牠在拍照時喧鬧拉扯的樣子，開始讓雷根總統（Ronald Reagan）顯得軟弱無能，總統因此不太高興。他自認為還是個威猛的牛仔。

5.14 狗為什麼老愛咬鞋子？

由於先天基因的作用，狗就是愛好好大嚼一番。這可能是因為那些喜歡咀嚼骨頭的狗祖先們可以從骨髓中獲得更多卡路里。因此，有咀嚼──無論是骨頭還是鞋子──傾向的犬類個體在食物匱乏時，更有機會存活下來，並傳遞牠們的基因。狗成了寵物之後，這種生活習慣不再重要，但牠們還是繼承下來了。

咬東西很煩人，但這是身為寵物主人的你大概免不了要面對的事。雖然我們可以訓練狗修正一些行為，但不能讓牠們調整一切習性以適應我們的生活，這會使牠們失去最初吸引我們關愛的狗狗本質。

許多幼犬咀嚼是為了緩解長牙時的疼痛，長大後可能會因為以下幾個原因又開始啃咬東西：一、這是一種對抗無聊和沮喪的好活動；二、能緩解分離焦慮；三、也可能單純只是餓了。但為什麼選**鞋子**下手？好吧，關於牠們為什麼老挑你最愛的鞋子，有幾個蠻不錯的解釋說法（但沒有真正的研究實證）：

一、簡單來說，鞋子大小剛好放得進狗的嘴裡──事實上，通常鞋子的大小正如一塊好啃的骨頭。

二、你的鞋子有你的味道（無論好不好聞），所以你的狗自然會對它們感興趣。

三、鞋子的材質非常耐嚼，像是皮革、橡膠和帆布 —— 都柔
　　軟好折又有彈性，只要堅持啃久一點仍會破裂。這樣剛
　　好讓狗兒躍躍欲試 —— 啃咬筆記型電腦就沒有這樣的效
　　果。感謝老天。

狗狗界自行車最速王者

伯瑞犬（Briard）諾曼（Norman）是狗騎自行車飆速的金
氏世界紀錄保持者 —— 五十五‧四一秒騎了三十公尺（一百
英尺）。雖然有固定架輔助，但這仍然是一項壯舉。

5.15 狗真的有辦法從幾公里之外
　　　找到路回家嗎？

狗認路返家的能力在大家口中已經傳得神之又神，在賺人熱淚的迪士尼經典老片《一貓二狗三分親》（*The Incredible Journey*）中更令人記憶深刻，片中兩隻狗和一隻貓在度假時與主人失散，於是長途跋涉尋找主人。但這種現象不只在虛構作品中上演，還是有真憑實據的。一九二四年，神奇狗狗鮑比（Bobbie the Wonder Dog）從印第安納州（Indiana）出發，走了四千五百公里（二千八百英里）回到位於俄勒岡州（Oregon）的家，旅途較短的故事更比比皆是：走九十二公里（五十七英里）回到從前住的房子，走十八公里（十一英里）回到寄養家庭，還有一隻旅程二十九公里（十八英里）的狗，跨越了一條寬闊的河流。

　　當然，如果我們抽離感情來看待這件事，可以認定這純粹是誤打誤撞運氣好──每年走丟的狗數量遠超過找到路回家的，畢竟報紙會報導的總是認得路長途返家的少數狗兒，但從來不提那成千上萬隻沒回家的狗。不過，這種想法是有一些科學根據的。

　　氣味在認路返家的過程中扮演重要的角色，可別忘了，狗的嗅覺強大到我們幾乎無法想像的程度。狗回溯自己的足跡有可能長達數英里，即使牠們被載到某個地方且沒有留下任何氣味，仍可能追蹤其他狗、田地、餐館或農場的熟悉氣味，最終成功回到家。

　　但關於這項能力還有更讓人興味盎然之處：二〇二〇年有

一項傑出的研究發表在《eLife 科學期刊》（*eLife*）上，這項研究對獵犬進行了三年的觀察，發現其中 **30% 的獵犬會利用磁感導航（magnetic navigation）找路回到主人身邊。牠們一開始先沿著南北軸線進行二十公尺（二十二碼）的短距離「羅盤運轉（compass run）」以獲取地磁方位，然後完全不靠氣味尋得路線，成功返回家園。**這種地理定位能力可能聽起來很扯，但這與狗偏愛沿地磁南北軸線排便這件事脫不了關係（見第 36 頁）。

狗界奇葩錄
最英勇的狗，庫諾

一九四三年，迪金獎章（the Dickin Medal）開始頒發給在戰爭中英勇無畏的動物，以表彰牠們在二戰中的勇猛表現，然後二〇〇〇年再度開始頒發給參與各種軍事衝突的動物。最初的獲獎者超過一半是鴿子，但自二〇〇〇年以來，絕大多數都是狗，了不起的庫諾（Kuno）就是其中之一，這是一隻於英國軍隊中服役的比利時牧羊犬（Belgian Malinois），二〇二〇年八月，牠因為在舟艇特勤隊（Special Boat Service）於阿富汗的突擊行動中勇敢執行任務而獲頒獎章。當時牠戴著夜視鏡，攻擊了一名槍手，儘管兩條後腿都被擊中，牠仍奮力將他扳倒在地。庫諾活了下來，但返回英國後，其中一隻後腳腳爪不得不被截肢，並安裝了義肢。

5.16 狗為何會追著自己的尾巴？

有些狗就是愛追自己的尾巴，逗得人們哈哈大笑，看見我們被這種行為逗樂有可能正是牠們這樣做的原因之一。這是一種正向的強化：如果你的狗注意到牠在前幾次追逐自己尾巴時，你給了牠很正面、充滿愛意的關注，牠就很可能會再次這樣做。這幾乎是一個反向訓練情景——牠從你的關愛中得到樂趣，所以訓練**你**對牠流露這種關心。

　　但是為什麼最初狗會開始追尾巴呢？狗的眼睛發展出快速的閃光融合率（flicker-fusion rate），幫助牠們捕獵移動迅捷的獵物（見第 105 頁），因此牠們會對疾速移動的物體感到興奮，無論是自己的尾巴還是你家中不堪其擾的貓。當牠們轉頭看到尾巴的末端在甩動，就會啟動引人發笑的瘋狂打轉模式。

　　如果追尾巴的行為成為常態，則可能是犬類強迫症（canine compulsive disorder）等問題的徵兆，這似乎與維生素和礦物質攝取不足有關。痴迷於追尾巴的狗往往比大多數狗害羞，經常很早就與母親分開，而且許多這樣的狗會表現出其他強迫行為。追尾巴也可能是因為受傷，或對跳蚤或蜱蟲的反應，或者只是無聊。但是如果你給了你的狗大量的關愛陪伴，活動遊戲也夠多，而且牠追尾巴只是偶一為之，那就別擔心，欣賞牠搞笑吧。

5.17 為什麼狗喜歡繞圈圈後才趴下睡覺？

許多動物──包括人類──在安頓下來睡覺之前，都會花時間整理床位。狗也不例外，在躺下之前，狗經常繞圈並扒一扒被褥。這種行為是狗狗的狼祖先們遺留下來的古老習性，這個做法對這些狼很有用，牠們需要檢查地面是否有昆蟲和蛇等害蟲，也得將雪、樹葉或帶尖刺的植被踩一踩。牠們將一塊區域踏平也可能是向其他的狼表示這塊地已經被占了，也會花時間選擇一塊能兼顧舒適、溫暖又多少能防備掠食者的好地方。**繞圈子走走還可以讓狼仔細了解狼群其他成員的位置，尤其是需要保護的幼崽。**

　　就算你的狗可能擁有一張花掉你一個禮拜薪水、鋪墊著毛皮的漂亮時髦床鋪，而且上面連一根草桿都找不到，牠仍舊有一種殘留的狼性，使牠不由自主地反覆做不再有意義的習慣行為。這些多餘無用的怪癖在你的狗身上不少，原因很簡單，就是沒有足夠的理由讓它們在演化中被淘汰掉。

第六章
狗的感官

6.01 狗的嗅覺

狗的臉被一個超級巨大的鼻子占據著，這絕對有它的道理。與人類僅五百萬個氣味受器相比，狗的氣味受器數量在一億二千五百萬到三億之間，而且狗專門用於解讀氣味訊息的大腦區域是我們的四十倍大，因此狗的嗅覺是牠們的超能力毋庸置疑。狗的嗅覺準確度是我們的一萬到十萬倍，牠們在短促的嗅聞中，每分鐘最多可以吸氣三百次，**某些物質的濃度僅十億分之一（相當於兩座奧運規格游泳池水中一茶匙的量）牠們的鼻子也能檢測到**。牠們的鼻孔甚至能旋轉，好找出氣味從哪兒傳來。

嗅聞的時候，細微、短促的呼吸擾亂平常的呼吸，讓鼻子中的氣味分子在原位停留更久好進行偵測——如果狗在尋找氣味時以平常的模式大口深吸呼，這些分子較可能被排出。當狗吸氣時，空氣通過一堆迷宮般複雜的捲曲盤狀物，稱為鼻甲骨（turbinate），鼻甲骨內布滿了氣味受器，受器覆蓋的面積為十八到一百五十平方公分（三到二十三平方英寸），而人類這部分的面積為三到四平方公分（〇·五到〇·六平方英寸）。狗的鼻腔通道底部還有一個叫做犁鼻器（vomeronasal organ）的東西——它就像一個另外附加的鼻子，有些費洛蒙包含有助於交配和社交的信號，犁鼻器就是專門辨識這種費洛蒙的。

為什麼狗鼻子老是溼溼的？狗的鼻尖被稱為鼻脣面（rhinarium），一貫保持溼潤才能讓其上的熱感受器可藉著蒸發冷卻來偵測風向（最涼的一側就是風的來向），有助於導航

並定位氣味和聲音的來源。最近發表在《科學報告》（*Scientific Reports*）的研究甚至暗示，鼻脣面也可能有感知微弱紅外線熱源的作用。關於鼻脣面是否有自己的氣味受器，或者它的主要用途是不是透過改變形狀將費洛蒙的氣味重新導向犁鼻器，尚無法確定。

裂鼻

凱特布朗犬（Catalburun dog）有著裂成兩半的怪鼻子，因此牠們看起來像有兩個完全獨立的鼻孔緊貼在口鼻前部。這種狗發源於土耳其，現在非常罕見。

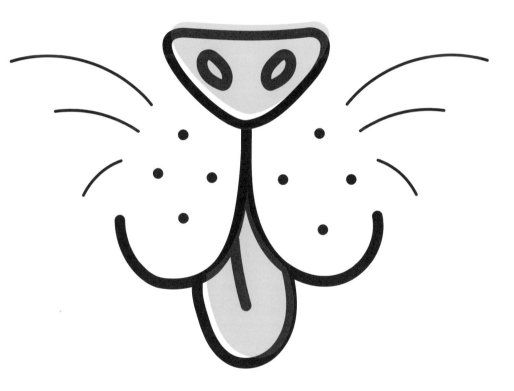

6.02 狗兒真的能嗅聞出人類的疾病嗎？

數千年來，人類一直善加利用狗的非凡嗅覺，讓狗進行追蹤、捕獵和警戒通報的工作。但人狗關係中最不尋常的發展是利用狗做為生物探測器，僅靠著氣味辨識出疾病或生理狀況。這聽起來也許像奇想謬論，但我們可別忘了，狗的嗅覺之強大超乎我們所能想像的程度。

　　從狗的角度來看，每個人類都籠罩在一股非常獨特的氣味中，這些氣味組合就成了我們的個人標示。其中許多來自環境，但它們也會透過汗液、呼吸、黏液、尿液、糞便以及生活在我們身體上的細菌、酵母菌和真菌的獨特混合物從我們體內滲出。**當疾病和生理問題導致我們的細胞發生化學變化時，人類的氣味雲就會發生變化，這些變化顯現在人體所產生的揮發性有機化合物（volatile organic compound, VOC —— 基本上是帶有氣味的活性分子）。**癌症的揮發性有機化合物於一九七一年在人類尿液中首次被發現，它們也會進入我們的氣息和汗液中，產生一種稱為生

狗的診斷能力

經過訓練的狗能利用牠們強大的嗅覺偵測癌症、糖尿病，甚至在癲癇發作**之前**就先發現它們。

物標記（biomarker）的氣味特徵，藉由訓練，狗就能以驚人的準確度識別。

　　訓練狗識別生物標記既費時又花錢，不過某些疾病和健康問題對牠們來說，似乎比其他疾病更容易辨識。狗兒們在發現前列腺癌（出了名地難以準確診斷）以及識別癲癇發作（甚至在發生之前）、皮膚癌、肺癌、膀胱癌和乳癌以及瘧疾（光憑兒童襪子的氣味）方面的效率非常高。狗也已經開始受訓偵測嚴重特殊傳染性新冠肺炎（Covid-19）。

　　有一項進展特別令人興奮，**狗能夠在症狀開始出現之前就偵測到帕金森氏症（Parkinson's disease）。這很可能為醫學開創新局面**，因為症狀出現時，通常大腦中的相關神經細胞都已經喪失一半以上了。預先診斷或許能夠扭轉人生。

　　《靈犬萊西》給人一種印象，當人們遇到麻煩時，狗天生就能理解，而且還會尋求協助，但遺憾的是，西安大略大學（Ontario's Western University）威廉·羅伯茨（William Roberts）進行的研究卻沒辦法證實這一點。在這項研究中，狗主人帶著他們的狗走到一塊場地中間，然後假裝心臟病發作倒在地上，而有兩個人正坐在附近看書。儘管主人一動也不動地躺了六分鐘，卻沒有一隻狗為了主人跑去求救。這要麼意味著主人演技拙劣，被狗一眼識破，要麼正說明了《靈犬萊西》不是一部紀錄片。原來我的**整個**童年都是被騙假的嗎？

6.03 狗的視覺

視覺稱不上狗的超級技能，狗的世界不像我們那樣由視覺主導，但若以為牠們的視力比我們差可就錯了──牠們只是和我們**不一樣。狗是色盲。牠們確實能看到一些顏色，但與我們的紅、藍、綠三色視野相比，牠們的眼中只有藍色和黃色這兩種顏色的雙色視野。**這意味著紅色和綠色在牠們眼裡成了灰色陰影。狗雖然在顏色複雜度上輸給我們，但是牠們出色的遠距和昏暗視覺、寬廣的視野和快速的閃光融合動態偵測能力全都完勝人類。

狼（狗的近親）主要在黃昏時捕獵，因此牠們的視力被調整為在弱光環境中功效最好，而狗也繼承了這個特性。牠們眼睛裡的視桿細胞比視錐細胞更多，表示牠們對明暗的感受力比對色彩更強。與人類不同的是，狗的**眼睛後部有一層奇妙的脈絡膜毯（tapetum lucidum）反光層，可以將光線反射回視網膜，增加它可捕捉到的光線量**並提高能見度。當你用閃光燈為狗拍照時，就可以看到這個反光層：牠閃亮的眼睛就像魔鬼本尊盯著你看。如果仔細觀察，可能還會發現狗有三個眼瞼：上眼瞼、下眼瞼，以及稱為瞬膜（nictitating membrane）的第三眼瞼。第三眼瞼通常在狗睡覺時派上用場，為眼睛提供多一層保護，不過在喚醒昏昏欲睡的獵犬時也可能看到它。

視銳度（visual acuity）是從遠處發現兩條線之間差距的能力，在這方面人類很容易贏過狗：我們可以在二十五公尺（八十二英尺）外看到的物體，狗需要將距離拉近到六公尺（二十英

尺）才行。儘管如此，支配狗兒視覺的視桿細胞讓牠們的動態視覺 —— 即使是從很遠的距離 —— 比我們的要好得多。這對於獵殺小動物來說很方便，而且狗的眼睛位於口鼻兩側，使大多數狗的視野比人類更寬闊。這種寬度的唯一缺點是相對缺乏雙眼視覺（binocular vision，兩隻眼睛的視覺成像重疊），會降低狗對立體縱深的感知。

閃光融合率是指眼睛和大腦可以處理多少動作細節 —— 例如，高畫質電視每秒使用五十到六十幅不同的圖像來製造出流暢的運動畫面。以往的電影以每秒二十四到二十五幀的速度拍攝，只要攝影機平移速度不要太快且快門速度夠慢，就會產生流暢運動的錯覺。**然而，狗每秒處理七十到八十幀影像，表示實際上牠們眼中能見到世界上更多細微的運動（電視畫面此時成了一連串閃爍的圖像）**，並且具有快速的視覺反應。再與家蠅每秒四百幀的閃光融合率比較，你就會明白為什麼要打中一隻蒼蠅如此困難 —— 牠們眼中的世界百態實際上都是慢動作影像。

長耳狗

最長的狗耳朵長在美國聖約瑟夫（St Joseph）的大警犬（Bloodhound）堤格（Tigger）頭上。根據金氏世界紀錄所載，牠的右耳長三十四・九公分（十三・七五英寸），左耳長三十四・三公分（十三・五英寸）。

6.04 狗的味覺、觸覺與聽覺

味覺

　　狗的味覺在出生時就已經完全發育了，但遠比我們的單純陽春。我們的舌頭上有大約一萬個味蕾，但狗只有一千七百個（貓只有四百七十個），儘管牠們的舌頭長度很嚇人。狗對鹽的敏感度特別低（可能是因為富含肉類的飲食原本就含有大量鹽分），但對糖和酸很敏感，且非常討厭苦味。**奇怪的是，狗舌尖上的受器也對水的味道高度敏感，尤其是吃過鹹或甜的食物後。**有人認為當狗還生活在野外時，這一點可能會有幫助，因為食用易使身體脫水的物質後，牠們需要補充更多水。

觸覺

　　除了味覺之外，觸覺是犬類唯一在出生時就完全發育的感官知覺。狗非常善於交際，因此觸摸是牠們一生中進行交流互動的重要工具。狗也喜歡被人類撫摸，有許多研究表明，輕柔的撫摸會降低狗的心率和血壓 —— 人類也能得到同樣的好處。狗身體中最敏感的部分是口鼻部位，尤其是在鬍毛〔名稱為觸鬚（vibrissae）〕的根基處，那裡布滿了對觸碰有反應的物理受器（mechanoreceptor）。鬍毛的功能還沒完全清楚，但與貓一樣，若有物體距離太近而看不清楚，狗或許能靠鬍毛了解自己與物體的相對位置。

聽覺

　　儘管許多甩得啪噠啪噠的狗耳朵上披覆著大片的毛，但牠們聽高頻率聲音的能力比人類好得多：狗可以聽到頻率高達四萬四千赫茲（Hz）的聲音，但我們最高只能聽到一萬九千赫茲的聲音。不過，我們在低音頻率聽力的表現優於牠們，與狗的六十四赫茲相比，人能偵測到低至三十一赫茲的聲音。**狗的耳朵也非常靈活，有十八條肌肉控制其位置，因此牠們能夠快速判定聲音的來源。**牠們的耳朵結構有助於聽見遠處的聲音——距離大約是人類的四倍。

大麥町狗耳聾現象

30% 的大麥町犬（Dalmatian）有一側耳朵是聾的，5% 的兩耳都聽不見。這是由極端的斑紋基因引起的，也是這種狗外皮斑斑點點以及偶爾出現藍眼睛的原因。斑點較大的大麥町犬耳聾的機會較小。

第七章
狗言汪語

7.01 狗為什麼吠叫？

狗為何吠叫仍是個謎。狗以不同的方式吠叫的原因有很多：無聊、恐懼、威脅、對孤立無助的反應、玩耍的欲望、需要找人過來、玩耍過程助興、抗議、發出求救信號，或者只是因為你說了「松鼠」。我們甚至不知道吠叫究竟是一種交流方式，或者僅僅是對某種情況或經驗的反應。為什麼這很重要？好吧，人們常因為狗狂吠亂叫個不停而牠將送進動物收容所。如果我們更了解狗吠叫的現象，也許就能幫助狗過上更好的生活。

狼很少吠叫，所以吠叫行為很可能是馴化結果之一 —— 也許人們選擇吠叫的狗而不是安靜的狗，是因為牠們可以警告主人有入侵者或掠食者。或者人狗之間的關係可能密切到需要有一種方法來提醒我們狗的種種需求：「我想要食物／飲料／玩耍／運動／小便」。這是條件反射的絕佳範例 —— **如果你在狗吠叫之後餵牠，對於你們倆，吠叫就會一直和餵食連結在一起，所以要小心。**甚至有個對於幼態延續的推論頗有意思：如果你選擇某一特徵（那些可愛的、小狗一般的鬆軟耳朵和大眼睛），你往往會連帶地得到一組相關的特徵（小狗經常吠叫）。

儘管缺乏科學界共識，你還是可以自行解讀自家狗兒的吠叫。仔細聆聽，注意語調、重複和高低音。你還需要注意牠的 —— 和你自己的 —— 身體姿勢、背景環境以及關鍵因素，回應（無論是來自另一隻狗、陌生人、朋友還是你自己）。這得花點時間，但最終你應該得到一些配對組合模式來解釋牠是受到驚嚇、感覺饑餓、發脾氣，或者只是想騷擾松鼠。

7.02 你說話時，你的狗究竟聽進了什麼？

狗可以記住許多與物體相關的不同字詞，也會對一系列廣泛的命令做出反應，例如「坐下」、「停留」和「躺下」。狗非常擅長理解我們傳達給牠們的許多人類心理狀態，導盲犬甚至會使用基本的符號系統（使用符號來傳達意義）。但這並不表示狗能理解我們所謂的**語言**：一個複雜的、結構化的交流系統，具有邏輯和詞彙意義，以及語法規則。當我們話說得很快或以句子交談時，狗得很努力辨識一些特定的字詞，不過牠們通常能找出帶有強烈嘶嘶音的單字如「squirrel」和「sit」，以及有長母音的字，例如「heel」和「walk」。

有些人認為狗對語氣有反應，根本不記字詞。二〇一七年，一位法國的生物聲學家（bioacoustician，研究由生物體產生與影響生物體的聲音）發現，**女性總是使用緩慢、高亢、宛如歌唱一般的聲音來對狗說話，而對小狗播放這些聲音的錄音時，牠們反應強烈，會吠叫並朝著音響跑去**。有些小狗甚至做出用來展開遊戲的「**表演鞠躬**」動作。另一方面，大多數成年的狗聽到相同錄音，只是看著音響然後不理它。研究人員不太確定為什麼會這樣──畢竟成年的狗仍然喜歡玩耍──但是有可能牠們已經知道，沒人在場的情況下，邀請玩耍沒什麼好興奮的。

狗擅長透過肢體語言和臉部表情了解我們的情緒狀態和意圖，但當語言與語調相結合時，才真能看出牠們有多強。二〇一六年有一篇精彩的研究發表在《科學》（Science）期刊上，研

究者使用訓練有素的狗坐在核磁共振掃描儀中，分析了狗對某些短語的反應。研究發現狗的大腦處理語言的方式與我們相同：右半球處理情緒，左半球處理意義。但最有意思的發現是，只有當這些詞與有讚美意味的語氣相結合時，狗才會體驗到愉悅（或者從科學的角度定義是，狗腦中主要獎勵回饋區域的神經活動）。當狗聽到「好孩子」用平淡無情緒的聲音念出時，牠們認出了這個詞，但沒感覺到讚美，也沒有在牠們的大腦中記錄到高興的反應。只有當讚美的語調與字詞配對上時，牠們才會感到高興。這意味著**狗會分別辨識字詞和語調，但解釋含義時會將兩者結合起來，只有在理解那是讚美時才會真正開心。**

當然，狗願不願意聽你說話又是另一回事：二〇一四年發表在《行為過程》期刊的一項研究指出，狗喜愛被口頭稱讚的程度遠遠比不上被撫摸。

超大詞庫

大多數狗能夠理解一百六十五個單字和短語，但心理學教授約翰・皮利（John Pilley）所養的美國邊境牧羊犬查瑟（Chaser）記得一千個玩具的名稱（且可一一辨認拾取）。

7.03 狗發出咆哮、狼嚎或以真假嗓音交替呻吟時在表達什麼？

狗能發出的聲音類型非常廣，就像狗搖尾巴一樣（見第71頁），這些叫聲有何意義通常要視情境而定。讓研究人員一個頭兩個大，因為某種發音在一種情況下可能意味著某事，但在另一種情況下卻完全不同 —— 不過主人和狗通常會互相訓練磨合而理解彼此。

簡單的咕嚕聲經常在表示問候和表達滿意時聽到（小狗在餵食和睡覺時經常咕嚕咕嚕）。咆哮可以表示攻擊或防禦，但在玩耍過程中也很常見。二〇〇八年匈牙利的一項研究發現，狗能理解音響播放給牠們的特定咆哮含義。當一隻獨自啃著骨頭的狗聽到一群狗爭搶骨頭並互相咆哮的錄音時，這隻狗往往會放下骨頭並退得遠遠的。這一點更加讓人懷疑狗真的能互相交談（儘管聊的內容三句不離骨頭）。

有些狗不吠叫

巴仙吉犬（Basenji）不會吠叫 —— 牠們會尖叫或以真假嗓音變換呻吟。

當幼犬和進入青春期的狗感覺孤獨、饑餓、害怕或痛苦時，經常會抽噎哀嚎和嗚嗚低吠，但成年犬之間也可以用來表示服從，做為問候或尋求關注的發聲。每當我媽登門造訪時，她那隻漂亮的黑色拉布拉多犬黛西（Daisy）就會在我周圍爬來爬去，瘋狂地搖著尾巴，低吠個幾分鐘。我將此解讀為牠比這個星球上的任何人都更愛我，但同樣牠可能只是因為從車子裡被放出來而開心不已。

以真假嗓音變換呻吟和尖叫是巴仙吉犬、新幾內亞唱犬（New Guinea singing dog）和澳洲野犬的常見行為，牠們能發出這些聲音是因為其喉頭比大多數的狗狹窄，因此能夠將音調控制得更好。人類可能正是因此特質而挑選這些狗的，他們希望狗叫聲聽起來像豺狼或鬣狗，藉此避開潛在的掠食者。

嚎叫在狼群中很常見，但就狗而言，除了哈士奇（Husky）和阿拉斯加雪橇犬（Malamute）等類似狼的品種之外，就相對較少發生了。一般認為狼會嚎叫有幾個原因：找到自己狼群的成員，宣告自己占有某片領地（通常很廣），以及警告其他狼群遠離。牠們嚎叫也可能為了號召同夥以便開始進行狩獵或遷移。狗通常沒有這些考量，牠們的嚎叫模式可能會被緊急警報器、飛機或小賈斯汀（Justin Bieber）的音樂觸發啟動。但是，我們仍不清楚為什麼這樣。狗也可能只是為了引起注意而嚎叫（請小心，如果你試圖阻止牠們嚎叫，就不應該太注意牠們，就算是責罵或訓斥這種負面的關注都不行）。

7.04 狗能彼此交談嗎？

除了吠叫，狗還有很多其他的交流工具供牠們使用：姿勢、臉部表情、耳朵位置、毛皮豎起、眼神交流、在燈柱上撒尿。狗比人類更擅長閱讀這些信號。

　　舉凡性、健康、年齡、社會地位和情緒狀態等情報，狗遺留和讀取這些訊息的方式就是嗅覺（氣味）交流。**無論走到哪裡，你的狗都會傳播牠的生理訊息，使用尿液、糞便、肛門腺分泌物和體味來宣告自己的存在，並宣傳自己多適合做為伴侶。**牠在散播的是費洛蒙，這種化學物質會引發其他狗的社交回應和行為改變。

　　但是當兩隻彼此不認識的狗相遇的時候呢？牠們使用身體姿勢、眼神交流和臉部表情等複雜的交錯互動來溝通。牠們要確定的第一件事是兩者之中某一個是否占主導地位，這從眼神交流開始。較具宰制力的狗率先看著對方眼睛並盯得比較久，而溫順或年幼的狗會轉移視線或完全避開。雖然這對我們來說，感覺有點不禮貌，但它非常有用：一旦建立了主導關係，狗就可以進一步社交，並將攻擊的可能性降到最低。另一方面，如果一隻狗不服，事態會迅速惡化，牠們露出牙齒、咆哮、豎毛（piloerection，毛髮都立起來），如果這些都不奏效，肉搏開打。

　　下一步，身體姿勢開始發揮作用，這又與支配和服從有關。占主導地位的狗會站得又高又挺，耳朵尖凸並向前，尾巴以高角度擺動，臉上也可能微微帶點怒吼時的扭曲紋路。溫順的狗會

蹲伏，降低尾巴的角度，耳朵向後，有時會表現出「順從的笑臉」。牠還可能會嘗試舔強勢的狗並翻躺下來，以表明自己繳械無威脅。

「表演鞠躬」通常是熟悉的狗彼此之間才會做，這是一個明確的遊戲邀請動作。有趣的是，當人類想和他們的狗玩耍時，他們經常會做一個有些類似但看來很蠢的動作。我知道我自己也是，一邊嘰哩呱啦胡說些什麼，一邊彎下腰拍大腿。

尾巴搖擺對狗的互動很重要，但人類對此不甚了解。這通常用來表示友誼或積極興奮，但也可能表明狗即將發起攻擊。就像發聲一樣，它似乎是一種看場合決定意涵的行為，在不同情況下對不同的狗會有不同的意義（參考第 71 頁）。不過還是老話一句，雖然為了找出狗的共同語言，研究人員孜孜矻矻，辛苦徒勞，但狗狗之間互相交流似乎一點也沒問題。

第八章
狗與人

8.01 貓派 vs. 狗派

標題也可改成「如何用三百字惹火世界上很大一部分的人」。你瞧，我知道性格類型有很大差異，所以我並不是在說像你這樣的狗主人肯定是好鬥、霸道、妄想的自大狂──我只是說有這種**可能**。等等──這樣說也不對。你聽聽啊，我這個人啊，愛狗、愛貓、愛沙鼠也愛人類，所以沒什麼偏見的──只是二〇一〇年德州大學（University of Texas）對於自認是愛狗和愛貓的人進行研究，結果發現，**與愛狗人士相比，愛貓的人往往較不願與人合作、不太認真盡責，較沒同情心，也比較內向，更容易有焦慮和抑鬱症狀**。不過呢，雖然貓派教徒較神經質，但他們也比狗派人士心思更開放、更有藝術品味和求知欲。二〇一五年，澳洲研究人員發現，在與競爭力和社會支配力相關的特徵上，養狗的人得分高於養貓的人，這與他們的預測相符（因為狗較容易受控制，研究者認為狗主人往往享有較高的主導地位）。但他們也發現，養貓的人在自戀心理和主導人際關係方面的得分與養狗的人一樣高。

二〇一六年，Facebook 發布了對自家數據的研究結果（因此，請記住這是針對 Facebook 用戶做的研究，儘管這間公司確實有辦法探知人們許多事情，真令人毛骨悚然）並發現：

- 論單身的比例，愛貓的人（30%）比愛狗的人（24%）高。
- 愛狗人士的朋友比較多（嗯，是指Facebook上的朋友吧）。
- 愛貓人士較容易獲得活動邀請。

Facebook 還發現，愛貓的人所提到的書中，文學類比較多〔例如《吸血鬼德古拉》（*Dracula*）、《守護者》（*Watchmen*）、《愛麗絲夢遊仙境》（*Alice in Wonderland*）〕，愛狗的人對狗更痴迷，並有較多宗教性讀物〔《馬利與我》（*Marley and Me*）、《洛奇教我的事》（*Lessons from Rocky*）——這兩本都是關於狗的——還有《標竿人生》（*The Purpose Driven Life*）和《小屋》（*The Shack*）——都是談論上帝的書〕。愛狗的人喜歡看些多愁善感、談論愛和性的電影〔《手札情緣》（*The Notebook*）、《最後一封情書》（*Dear John*）、《格雷的五十道陰影》（*Fifty Shades of Grey*）〕，而愛貓人喜歡的電影主題是死亡、絕望和毒品——附帶一點愛和性〔《魔鬼終結者 2》（*Terminator 2*）、《歪小子史考特》（*Scott Pilgrim vs the World*）、《猜火車》（*Trainspotting*）〕。

但是當研究內容討論到情緒時，Facebook 的數據變得非常耐人尋味（且探入幽祕）。這似乎真的反映了人對自家寵物的刻板印象，研究發現**愛貓的人比愛狗的人更可能在發言時表達疲倦、有趣和煩惱，而愛狗的人較可能表達興奮、自豪和「幸福」。**

消失的器官

狗的腸子沒有闌尾。貓也沒有。

8.02 養條狗要花多少錢？

狗所費不貲，研究顯示，養狗新手都嚴重低估了可能面臨的經濟負擔。在英國養狗每年要花費四百四十五到一千六百二十英鎊（約新臺幣一萬六千元到六萬元），在美國為六百五十至二千一百一十五美元（約新臺幣一萬八千元到六萬元）——**一般的狗平均活十三年**，總計花費為五千七百八十五到二萬一千零六十英鎊（約新臺幣二十一萬六千元到七十九萬元），或者八千四百五十到二萬七千四百九十五美元（約新臺幣二十四萬元到七十八萬元）——**再加上一開始買狗的費用** ＊。相比之下，巴特西貓狗救助之家（Battersea Dogs and Cats Home）估計在英國照顧一隻貓一年的費用約為一千英鎊（約新臺幣三萬七千元）。

當然，實際養一隻狗的成本取決於你**想要**花多少錢。花三千到四千英鎊（約新臺幣十一萬元到十五萬元）買一隻純種小狗並不罕見，還得花更多在寵物保險費和美容費用，而從巴特西貓狗救助之家領養一隻只要捐一百五十五到一百八十五英鎊（約新臺幣五千八百元到六千九百元）。不過，後續的花費才真的傷荷包。最大的支出可能是食物，在這方面，英國的狗主人每年花一百九十到九百五十英鎊（約新臺幣七千元到三萬五千多元），就看你購買的品牌和你家狗狗的需求（特定的營養需求可能意味著

＊ 資料來自「愛狗人協會」（The Dog People），該組織估計一開始的器材預備和獸醫費用為七百三十至一千五百九十五英鎊（但在美國僅六百五十至二千一百一十五美元）。

更貴的食物）。另一個非常重要的傷財因素是寵物托育──當你在工作或度假時，誰來照顧你家的邋遢小姐？在英國，專業的寵物保姆、遛狗者和假日犬舍每年隨隨便便就讓你多花費一千英鎊──雖說你可能夠好運，有個交情不錯的鄰居或親戚願意幫你一把。

其他開銷包括定期上獸醫那兒做身體健康檢查與接種疫苗，以及購買碗、項圈、玩具和攜帶牠去看獸醫的乘載器具等拉哩拉雜的東西，更不用說還有開頭預先植入晶片、絕育結紮，以及買床、狗窩或木箱的花費。千萬記得要為你的狗投保。我犯過一個錯誤，放任心愛老貓湯姆的保險到期失效，結果在牠生命的最後一年，光是醫療保健費用支出就花了我三千英鎊（約新臺幣十一萬二千多元）。在英國，狗的保險費每年動輒四百到九百英鎊（約新臺幣一萬五千元到三萬四千元），視狗的品種、保單和你住的地方（大城市更貴）而定，但老狗的保費會飆升，許多公司可能根本不接受老狗投保。

身價最高的狗

二〇一四年，一隻巨大的藏獒（Tibetan Mastiff）被一名中國商人以一百九十萬美元（新臺幣五千四百多萬元）買下，成為世界上最昂貴的狗。罕見的金毛純種獒犬被認為是活生生的絕佳獒犬典範。「牠們流著獅子的血，是頂級的獒種，」飼養員張庚雲（Zhang Gengyun）說。

8.03 想把財產留給狗，可以嗎？

不 行。可以。算是可以吧。你不能把錢或財產留給狗，因為
在法律上，動物是財產，一件財產不能擁有另一件財產。
不過，有幾個替代做法。很簡單，你可以將你的狗和一些錢留給
自己信任的人，並期望他們會用這筆錢來照顧狗。但是，他們在
法律上並沒有義務這樣做，因此確實需要是值得你信賴的人。而
且別以為可以只在遺囑中提到狗，而其他事情都讓別人自行解
決。在遺囑中你想怎麼說都行，但這不代表它都是可執行的。

如果你已打定主意要讓你的狗得到良好照顧，手上的錢也不少，可以設立寵物信託，這是一種效力更強大但也更燒錢的法律框架。你留下你的狗、你的錢，以及最重要的，使用這筆錢照顧狗的法律義務給「看護人」，附帶你希望他們如何處理的詳細說明。你還需要指派其他人來確保看護人執行這些指示，如果看護人沒做到，則可以起訴他們。這是約束力相當強大的要求，因此可以預期的是有一大筆費用要付給看護人和信託執行人。把你的狗和錢留給動物收容所或救援組織會不會更好？

　　二○○七年，臭名昭彰的美國酒店經營者和房產大亨利昂娜·赫姆斯利（Leona Helmsley）去世時，在遺囑中試圖將一千二百萬美元留給她的愛犬磕伯（Trouble）。但磕伯並不是唯一受益者，因為赫姆斯利還指示她整個信託資產的剩餘部分（價值五到八十億美元）要用於幫助這隻狗。唯一的問題是，她的受託人對資金分配擁有最終控制權，而且她的要求並未被納入遺囑或信託文件中。有趣的是，信託基金公司發現自己在法律上沒有義務遵守她的意願，而二○○八年，一名法官裁定赫姆斯利在訂立遺囑時精神異常。結果，留給磕伯的錢大部分都落到那些被她刻意剝奪繼承權的孫子們手上，而現在她的信託基金運營的主要項目都與狗無關。從這個例子我們學到了兩件事：一、做人不要太刻薄。二、把你那該死的遺囑搞清楚。

8.04 狗主人的外貌會與自己的狗相似？

有幾項研究發現，**寵物和牠們的主人通常彼此相似，而且即使是你完全不認識的人，要認出他們的狗也非常容易 ──只要狗是純種狗**（混血品種比較難憑長相和主人配對）。

有幾點常反覆被討論：眼睛形狀似乎在某種程度上兩者相近；長髮女性較可能選擇耳朵長而鬆軟的狗；體型寬大的人養的寵物往往也胖一些。還有研究顯示，寵物過重的現象益發普遍，和人類肥胖的趨勢一致。

這些發現似乎會讓人想到有些研究指出人類結夥搭檔的對象往往是長相與自己相似的人，就像狗及其主人一樣，即使你不認識某一群人，要辨認他們幾個人之間的關係是否為伴侶也不難。我們**這麼**容易一眼看透，真讓人感到有些難過。

極致搞怪

中國冠毛犬（Chinese Crested Dog）看起來古怪至極（不要誤會我的意思 ── 這沒什麼不好，如果我們所有人都更怪咖一點，世界會變得更美好）。這種狗其實有兩種型態，無毛種（hairless）與粉撲種（powderpuff）。無毛種的中國冠毛犬頭部和尾部有類似人類白髮的毛，但除此之外都是光溜溜無毛的深色皮膚。一亮相真的令人驚豔。

8.05 養狗有益健康嗎？

人都**說**養狗有益身心健康，一定錯不了吧？從表面上看，確實是這樣。二○一七年在瑞典發表了一項大型研究，追蹤了三百四十萬名年齡在四十到八十歲之間的人，發現**在十二年期間，心臟病致死人數減少 23%，任何原因死亡的綜合風險降低 20%，這些都與養狗有關**。二○一九年，美國心臟協會（the American Heart Association）發現，「與不養狗者相比，養狗可能使有心臟病病史的獨居者死亡機率降低 33%，而中風後的獨居者死亡風險降低 27%。養狗的人總死亡率比不養狗的人低了 24%，因心臟病或中風死亡的風險也低了 31%。」

侵門踏戶的條蟲

肯亞西北部的圖爾卡納人（the Turkana people）的包蟲病〔hydatid disease，由犬條蟲（dog tapeworm）引起〕發病率是全世界最高的，原因非常特殊。他們在日常生活中與所養的狗親密到不行，狗會和他們的孩子玩耍並清潔他們的孩子（包括吃孩子的糞便和嘔吐物），會將盤子和炊具舔乾淨，並在院子裡大便。儘管包蟲病很嚴重而且可能致命，但在這個半乾旱地區水源稀少，因此圖爾卡納人寧可繼續過這種和狗打成一片的生活。

所以，狗顯然對健康有益，對吧？天啊，我接下來又要講討人厭的話了吧？答案是：不一定。關鍵在於這幾個字「與養狗**有關**」。蘭德公司（the RAND Corporation，美國非營利研發機構）二○一七年有一項研究發現，養寵物確實與增進健康**相關**，但這些對健康的好處可能還有其他混淆變數（confounding variable，扭轉結果的因素）—— 其中有許多與社會經濟地位脫不了關係。健康率高的情況似乎與寵物主人往往擁有較大房屋與較高的家庭收入更有關聯，而這兩者通常都與醫療福利有關。還有一個事實是，養狗的人通常一開始就比較健康：有嚴重健康問題的人不太可能考慮養一隻需要每天帶牠散步兩次的寵物。因此，甚至在研究開始進行之前，統計數據就已經存在偏差。與其說「我養了一隻狗，所以我很健康」，不如說「我很健康，所以我會養隻狗」。

　　二○一九年發表在《環境研究》（*Environmental Research*）的一項研究甚至發現，養寵物與女性死於肺癌的風險加倍有關（儘管貓比狗更該為此負責）。**根據世界衛生組織（World Health Organization）統計，每年有五萬九千人因為被狗咬傷而死於狂犬病，僅被狗咬傷的就有數百萬人。**

　　但是關於增進心理健康的說法呢？好吧，其中很多似乎也沒有得到科學研究的支持。有不少設計得很粗略的研究將養寵物與飼主健康聯繫起來，但它們大多是毋須公開審查的自行陳述報告，而且採用的樣本量很小 —— 其中一個研究案例是「在亞馬遜的『機器土耳其人』（Amazon Mechanical Turk）上進行的」，這是個眾包（crowdsourcing）平臺網站，而不是學術研究機構。二○二○年在《國際環境研究與公共衛生雜誌》（*International*

Journal of Environmental Research and Public Health）有個感覺起來更可靠的研究，它得出的結論是，「一般觀點是養寵物有益健康，我們的研究結果並非如此」。二○一四年在《家畜行為雜誌》（*Journal of Veterinary Behavior*）的另一篇文章說：「養狗的人認為自己比不養狗的人更健康，但不見得比較快樂。」不過，二○一九年《人類與動物學》期刊的另一項研究發現，**養狗的人整體上發生長期精神疾病的可能性較小，但未婚的飼主患上長期精神疾病的機率又較高。**

從正面的角度來看，有幾項研究得出的結論是，養狗的人比不養狗的人更頻繁地去公園（且停留時間更長），而且與狗互動過程中釋放的催產素確實應該對我們的心理健康有益。二○一二年日本有一項研究發現，養狗的年長者每週鍛鍊身體的時間比沒養狗的人多。二○一五年在瑞典發表的另一項研究報告稱，在出生後第一年接觸過狗的三至六歲兒童，到學齡時哮喘發病率降低了 13%。二○一六年英國的一項研究甚至表示，對狗大聲朗讀可以提高孩子的閱讀能力。這有點偏離了「養狗有益健康」的主題，但我可以接受。

可卡犬狂暴症

雖然這是一種罕見的情況，但有些狗容易出現原因不明的自發性攻擊行為：毫無預期地爆發攻擊撕咬行為。一般認為這是一種主要發生在可卡犬和史賓格犬（Springer Spaniel）身上的遺傳特徵。

8.06 你不在家的時候，狗狗都做了些啥？

大多數狗在被單獨留在家裡時會感到焦慮，這不令人意外。我們培育出了依賴我們的狗，牠們想要和我們在一起，愛我們，而且依賴我們以取得所有美好的事物：食物、飲料、感情、陪伴和玩耍。然後我們就開始玩一整天了。

你的狗對於被獨自留下的焦慮通常在你出門之前就開始了：狗非常擅長閱讀人類的肢體語言，而且會在你離開前就認出你使用的特定語調（即使你沒感覺自己有），看出你拿外套及檢查鑰匙、手機、錢包、背包或提袋等身體動作。你離開後，狗的心理壓力很快就會達到頂峰。通常**前三十分鐘是最糟糕的，因為牠的心率升高、呼吸加快、壓力荷爾蒙皮質醇的濃度增加，而且 —— 如果你的狗原本就容易這樣 —— 開始出現吠叫、哀鳴和搞破壞等行為**。如果壓力和無聊的感受特別嚴重，狗可能會分泌唾液、撒尿、來回踱步，甚至自殘。

你可以訓練狗適應孤獨，但最好從小就處理這個問題。從短暫的隔離開始，這樣你的狗就知道獨處並不代表自己被拋棄了，你會回來的。隨著你離開的時間逐漸增加，你的狗應該會對這種體驗變得比較不敏感。提醒你一個訣竅，在你離開之前不要特意呵護寵愛牠，這只會增加牠的焦慮。另一個訣竅是準備一盒零食分散牠的注意力，而且只在你離開家時提供，你回來後就立即收好。如果你不在的時候，牠破壞了東西或者跑到家中的廁所裡，無論如何，不要懲罰牠。**在訓練狗兒的過程中，懲罰沒有什麼實**

質幫助（**如果有的話也很少**）；你的狗不會把行為和懲罰聯想在一起，把一種形式的痛苦累加在另一種形式上，只會讓牠對你離開這件事更加焦慮。

你可能認為你的狗面對獨處的適應力夠強，但事實並非如此。只需在 YouTube 上搜尋「獨處的狗」，就可以了解當主人不在時，一隻看起來很凶的羅威納犬會變得多麼痛苦（以及牠如何從馬桶裡喝水）。觀影前警告：有淚腺潰堤之虞。

拉布拉多貴賓狗的起源

拉布拉多貴賓狗〔Labradoodle，拉布拉多犬（Labrador Retriever）與標準貴賓狗（Standard Poodle）的混血品種〕在澳洲非常受歡迎，牠們在當地已漸漸成為純種狗。一九八九年，有位視障婦女需要導盲犬的協助，但她丈夫對狗毛過敏，為了回應其需求，維多利亞州導盲犬協會（Guide Dogs Victoria）的沃利・康倫（Wally Conron）培育了此混血品種。在此之前，英國的航行載具速度紀錄保持人唐納・坎貝爾（Donald Campbell）曾在一九四九年配種培育過一隻，並稱牠是一隻拉布拉多貴賓狗。

8.07 養狗對氣候變遷的影響

養狗有很多好處，但也給環境帶來了巨大的負擔。狗的糞便通常最終被掩埋，家犬的存在破壞了野生動物的棲息地，狗會攻擊或嚇跑其他動物而削弱生物多樣性。但到目前為止，更嚴重的影響來自狗所吃的各種食物，這些需要能源來生產、收穫、包裝和運輸，也對我們養活自己的能力造成影響。

　　加州大學洛杉磯分校（UCLA）二〇一七年的一項研究得出這樣的結論，**在美國，貓狗膳食所消耗能量約為人類膳食耗用能量的 19%，我們已經給地球生態造成的負擔又因此增加了 19%**。貓狗消耗的動物性能源約為人類所耗的33%，產生的排泄物約為人類的30%，若論所有動物製造的環境衝擊，光是用於供應貓狗生活所需的土地、水、化石燃料、磷酸鹽（phosphate）和殺菌劑大約就占了25-30%。這篇研究的撰文作者承認寵物食品總是由人類食用的肉類副產品製成，但又反駁說，如果狗可以吃這些，人類吃也應該沒問題。當然大家也知道，牲畜的肚胃、肺部和內臟並不是人類會大量享用的東西，因此若要這樣做需要大大扭轉文化習性；雖然話這麼說，但這些東西可能並不難吃（一點點肺片我還挺喜歡的）。

　　這項研究也認為「人們喜歡他們的寵物。牠們實際上和情感上都為人們帶來了許多好處……」，然而，我們應該意識到自己的寵物代表了對生態的一大負擔，當我們試圖減輕自己造成的衝擊時，也不該忽略這一點。由此展開了道德和生態對比衡量的角力場，我們必須在無法量化的情緒效應（我**非常**愛我的狗）

和可量化的氣候影響（餵飽我的狗又讓我必需的飲食耗能多增加了 19%）之間取得平衡，這可能會讓我們陷入艱難困境。畢竟，要減少自己排放的二氧化碳當量，最有效方法之一是減少你的孩子數量：少一個孩子每年可以節省五十八‧六公噸（六十四‧六短噸）二氧化碳當量〔改為植物性飲食每年僅節省〇‧八公噸（〇‧九短噸）二氧化碳當量〕。當然，我們都愛自己的孩子，房裡增加積累的所有情感是否大於所帶來的缺點，要將這些都量化討論既不可能辦到，想想又令人覺得可怕。取得平衡是必須的，討論也免不了，但從減少家庭寵物跳到一胎化政策會不會太急、太劇烈呢？

狗界奇葩錄
神經萊恩

奇瓦瓦州（Chihuahua）位於墨西哥西北部的廣袤山區，是該國最大的州，比整個英國大 2%。因此，若當地人在 Google 上輸入關鍵字「Chihuahua」後，找到的前九十九筆結果都在講世界上最小的犬種，一定會感到很惱火。長毛和短毛吉娃娃被視為兩個不同的品種，最著名的吉娃娃大概是機智又瘋癲的萊恩（Ren Höek）〔來自動畫系列《萊恩和史丁比》（*The Ren & Stimpy Show*）〕，還有一九九七年到二〇〇〇年代言塔可鐘（Taco Bell）連鎖速食店的吉吉特（Gidget），牠還在電影《金法尤物 2》（*Legally Blonde 2*）裡飾演布魯瑟（Bruiser）的媽媽。兩者都是短毛吉娃娃。

第九章
貓狗對決

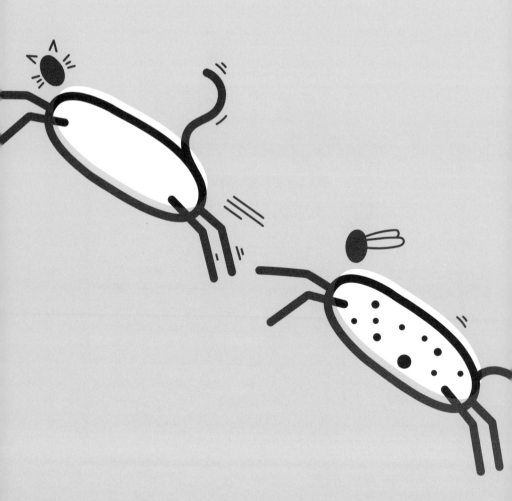

9.01 某種生物比另一種優越，有可能嗎？

在一頭栽進戰貓狗的世紀大辯論之前，我們先停下來從哲學思維角度看生物，別擔心，不是什麼燒腦傷感情的話題。

因為有著與其他四指對生的拇指，擁有抽象思維能力和美妙的音樂品味，我們人類老愛自認為優於地球上的所有其他物種。猿猴和海豚可能不甘言敗，但蚯蚓和浮游生物呢？呸！看看我們取得的成就：我們對地球的影響如此之大，以至於全新世（the Holocene，自前一個人類文明發展的冰河時代以後一萬二千年）現在被認為已經結束，取而代之的是人類世（the Anthropocene），一個由人類所定義的時代，人類對地球的影響力無與倫比。再看看人類還創造了叉勺、自拍棒和小賈斯汀等，說那些物種沒我們人類這麼完美並不為過吧。好啊！由你們去吧，人類！但別忘了，標示出人類世的正是種種災難事件，從一九五〇年代的放射性汙染開始，接著是二氧化碳排放顯著加速、大規模森林砍伐、生態環境退化、戰爭衝突、不平等加劇和全球物種大滅絕。

另一方面，蚯蚓的祖先在經歷五次大滅絕後倖存下來，已生存在地球上六億年，而人類才出現了二十萬年。達爾文認為蚯蚓在世界歷史上扮演了最重要的角色之一，牠們耕耘我們的土壤並施肥，使我們能夠種植糧食作物。那麼浮游生物呢？好吧，看看這些數字：與浮游生物 SAR11 群的數量 2.4×10^{28} 相比，七十八億個人類根本微不足道。算算這 24,000,000,000,000,000,000,000,000,000 隻浮游生物吧，鄉巴佬。

所以，狗是否比貓好，問這種問題常被認為是傻瓜猜謎，有點像在問「究竟是樹還是鯨魚比較好？」樹能好好地做為一棵樹，而鯨魚就擅長當鯨魚。蚯蚓並不比人類更好或更差——身為一種透過皮膚呼吸並生活在地底下、雌雄同體的無脊椎陸生動物，牠做得非常好。即便如此，物種也被認為永遠未達演化的最佳狀態，總是因應其生存環境而處於某種調適的形式中。狗和貓的馴化特別有趣：從演化的角度來看，牠們都是野生狩獵掠食者，相當晚近才搬進人類屋子裡，因此可能才剛在適應階段的開頭。如果五十萬年後再來瞧瞧，牠們可能會是非常不同的生物了。而照人類世的發展方式看來，貓狗們心愛的人類到時候可能根本一個也不剩了。

遛狗繩意外

在美國，遛狗繩造成傷害的比例為每一百萬人中有六十三‧四人。最常見的類型是拉扯後絆倒或纏綁住。其中三分之一發生在家裡。如果你仔細想想就會覺得很奇怪。

9.02 貓狗東西軍：社會與醫學領域

前 幾頁不遺餘力地解釋了為什麼將狗與貓進行比較有違生物哲學原則。但不這麼做有啥好玩？來吧，開始貓狗大戰吧！

人氣

在英國，狗比貓更受歡迎＊（儘管各種統計數據確實可以天差地遠）。23%的家庭至少擁有一隻狗，16%的家庭擁有至少一隻貓。

勝者：狗

愛

這兩個物種的主人對自己的寵物都非常熱愛，但是哪一種動物比較愛我們呢？神經科學家保羅・查克（Paul Zak）博士分析了狗和貓的唾液樣本，找出哪一種動物在與主人玩耍後唾液含有較多催產素（與愛和依戀感相關的荷爾蒙）。貓的催產素濃度平均增加12%，但狗的催產素濃度有57.2%的巨量提升。這是六倍的增長量。查克博士還對貓派補了一刀，他說：「發現貓會『產生催產素』真令人意外。」

勝者：狗

＊ 資料來源為寵物飼料製造商協會（Pet Food Manufacturers' Association）的〈○○年寵物數量報告〉。

智力

狗的大腦平均重量為六十二公克（二盎司），比貓的二十五公克（〇·九盎司）重。但牠們不見得因此比較聰明——抹香鯨的大腦是人類的六倍大，但仍然被認為智商不怎麼高，因為在哺乳動物中，我們的大腦皮層（cerebral cortex，負責高級功能的區域，掌管資訊處理、知覺、感官、溝通交流、思想、語言和記憶）在大腦中所占比例最大。智力的另一個衡量標準是動物大腦皮層中的神經元數量。神經元是有趣的玩意兒，因為它們的代謝成本很高（需耗用大量能量來保持運作），所以我們擁有的神經元愈多，需要消耗的食物就愈多，必須進行更多的代謝機制才能將其轉化為可用燃料。正因為如此，每個物種擁有的神經元數量僅止於絕對必要的程度，發表在《神經解剖學最前線》（*Frontiers in Neuroanatomy*）的一篇論文指出，**狗大腦皮層中的神經元比貓多**——**大約是五億二千八百萬比二億五千萬**。不過，人類以一百六十億完勝。開發這種測量方法的研究人員說：「我相信動物擁有的神經元絕對數量，尤其是大腦皮層中的神經元數量，決定其內在精神狀態的豐富程度……就生物體的能力而言，狗以其生命活動能辦到的事情比貓能做的更複雜、更彈性多元。」

聰明的導盲犬

導盲犬能分辨上下班狀態的不同。也會依照指示大小便，盡可能配合飼主的生活型態。

大腦該是什麼樣子實際上取決於對該生物最重要的是什麼
——狗是群居動物，所以需要更多溝通能力，這種功能集中在額
葉（frontal lobe）和顳葉（temporal lobe），而貓是孤獨的獵手，
可能需要更多控制逃逸能力的運動功能技術，這種能力以額葉的
運動皮層（motor cortex）為中心。當然，擁有大量神經元是一
回事，但更好的智力衡量標準可能是你如何運用智力。日本科學
家測試了狗和貓的記憶，發現沒有顯著差異，但在解決問題的能
力方面，狗容易依賴主人來想辦法，而貓則試圖自己解決問題。
勝者：狗

狗界奇葩錄

靈叮叮

一九一八年九月，這隻德國牧羊犬被美軍空戰射手李・鄧
肯（Lee Duncan）下士從第一次世界大戰的法國戰場救
出，後來成為好萊塢巨星。牠的名字來自法國孩子們會送
給美國士兵當幸運符的一對娃娃。〔另一個娃娃名叫妮妮特
（Nénette）〕。

鄧肯努力不懈了好一陣子，終於讓靈叮叮（Rin Tin Tin）在
一部電影中亮相，牠繼續演了二十七部電影，其中大部分都
是默片。靈叮叮在一九二三年第一次擔綱主角後大紅大紫，
有人認為是牠幫助華納兄弟公司（Warner Bros）逃過破產
的命運，也有人說，要不是影藝學會為了維持信譽聲望，重
新投票好確保是人類演員拿獎，靈叮叮早就贏得了一九二九
年奧斯卡最佳男主角獎。

容易飼養

貓的購買、飼育、餵養和照顧成本都比較低。貓獨立自主，不需要外出遛牠，且能獨處的時間比狗更長。牠們很樂意在外面大便和小便，通常還不是在你自己的花園裡（對你是優點，對你的鄰居可不是）。那麼狗呢？狗養起來可麻煩了。

勝者：貓

社交互動

貓獨來獨往且地域性強，但與人類接觸能獲得實質好處。狗與狗之間善於交際，不過牠們更喜歡人類的陪伴。狗會對人類的許多命令和請求做出回應，並且享受身體接觸──這一點就像貓一樣，獲得了實質好處。

勝者：狗

環保

貓每年殺死數百萬隻鳥類（儘管其確切數量和造成的影響仍大有爭議），狗和貓都可能減少生物多樣性。另一方面，狗的生態足跡（ecological footprint）更廣：養一隻中型犬每年需要○‧八四公頃（二‧○八英畝）的土地，而一隻貓則需要○‧一五公頃（○‧三七英畝）的土地。

勝者：貓（險勝）

健康效益

　　無論養狗或養貓，主人與寵物互動時，都確實能獲得有益的荷爾蒙（有助於緩解壓力），而且體內免疫球蛋白數值比不養寵物者更好，可提供更高的保護力，防止胃腸道、呼吸道和泌尿道感染。然而，關於飼養寵物有益健康的說法最近受到不少研究質疑。養狗的人往往比養貓和不養寵物的人更常鍛鍊身體，這或許降低了心血管疾病風險，並提高心臟病發作後的存活率。但是，在英國，每年有二十五萬人在被狗咬傷後必須前往輕傷和急救部門就診，而且有二到三人因犬隻攻擊而死亡，而根據世界衛生組織的資料，患有狂犬病的狗每年導致全球約五萬九千人死亡。這些事實都與上述有益健康的說法矛盾。

勝者：貓

可受訓練程度

　　一般來說，狗受過訓練能記住一百六十五個字詞和動作，會接球、坐下、伸出腳爪、跳躍、跟緊主人、躺在自己的床上、翻身、耐心等待，而且可以 ── 可能需要勉強一下 ── 乖乖聽話不再頂格拉迪斯阿姨的腿。至於貓嘛，呃哈哈哈哈哈哈。

勝者：狗

實用性

　　對少數擁有糧倉／農場或苦於住處鼠患的人來說，捕鼠能夠帶來很大的幫助。對於我們其他人來說，這有點令人困擾。另一

方面，獵捕鳥類就完全說不過去了。貓能為我們做的大概就這些
——此外，牠們願意紆尊降貴吸引我們的注意時，能為我們帶來
毋庸置疑的樂趣。相較之下，狗幫得上忙的工作有狩獵、嗅出違
禁品和爆裂物、在野外追蹤、診斷疾病、搜救迷路或受困人員、
引導視障者、放羊、看守家屋、追捕罪犯。我就不再說下去了
——你懂我的意思吧。

勝者：狗

9.03 貓狗東西軍：體能正面交鋒

速度

　　獵豹是陸地上跑得最快的動物，能夠以一百一十七・五公里／小時（七十三英里／小時）的速度奔跑。上帝保佑，還好你的貓不是獵豹。但如果貓受到驚擾，很可能有辦法在短時間內以三十二到四十八公里／小時（二十到三十英里／小時）的速度衝刺。這與格雷伊獵犬（greyhound）的最高時速七十二公里（四十五英里）相比顯得小巫見大巫，但與時速三十公里（十九英里）的笨重黃金獵犬相比卻相當不錯。

勝者：狗

耐力

　　狗在這一項贏得毫無懸念。貓是伏擊捕食者，能夠耐心跟蹤獵物數小時後才飛撲突襲。狗不是為短跑衝刺而生的，天生適合長距離的有氧耐力追逐奔跑（我自己碰巧也是這樣）。人類早就看中了這種長途跋涉穿越冰雪的能力，雪橇犬表現出的耐力是很驚人的──艾迪塔羅德雪橇犬賽（Iditarod Trail Sled Dog Race）中的參賽犬隻會歷經八到十五天的旅程，在人口稀少的阿拉斯加跨越一千五百一十公里（九百四十英里）。

勝者：狗

狩獵技術

　　儘管受定期餵食，但幾乎所有家貓都還是保留了狩獵的衝動和技能，牠們經常將殘缺狀態不一的老鼠和鳥類帶回家。相反

地，多數狗雖然都有追逐的本能，但若談到牠們絕大多數的狩獵能力，用可笑來形容已經算給面子了——除非是專門為這項任務培育的狗。我的狗會以最快的速度追著我的貓穿過花園，不過一旦把貓逼到角落，牠就覺得沒啥好玩了，牠希望貓再跑起來。而對貓來說，牠只希望狗快點下地獄去。

勝者：貓

腳趾數目

什麼，你說我硬找話題湊字數？腳趾頭很重要好嗎？多趾症（polydactylism）比較常發生在貓身上，狗就很少見。

勝者：貓

演化優勢

二〇一五年發表在《美國國家科學院院刊》的一項研究表示，從前貓科動物的成員比犬科動物更擅長求生存活。狗大約在四千萬年前起源於北美洲，到了二千萬年前，這片大陸上的犬科動物超過三十種。若不是因為有貓的話，本來可以更多。研究人員發現，**全世界有四十種犬科物種的滅絕和貓脫不了關係，因為貓科動物和牠們競爭食物且占得了上風**，而沒有證據表明犬科動物消滅了任何一種貓。不同的狩獵方式可能是導致狗在生存競爭中落敗的原因，還有，貓的爪子是可伸縮的，因此始終保持鋒利。相較之下，狗的爪子不會縮回藏起，通常磨得比較鈍。不管是什麼原因，這份研究報告指出，「貓科動物狩獵捕食的效率一定比較高」，這意味著在某種程度上，牠們顯然更**強**。

勝者：貓

第十章
狗的飲食

狗狗費多
專用碗

10.01 狗兒們改吃素行嗎？

由於數千年來與人類同居，且以我們的殘羹剩飯為食，狗已經從超級肉食動物（靠肉食維生）轉變為雜食動物（任何東西皆可下肚），儘管還是偏好肉食。狗與狼一樣，胃腸消化道較短，最適合食用肉類，但與狼不同的是，狗能夠分解碳水化合物。坦白講，任何能放進嘴裡的東西，大多數狗都會嚥下去，從蔬菜、起司到鞋子、玩具。不同之處在於，狗和人類一樣，會產生澱粉酶（enzyme amylase），能分解植物澱粉，讓狗從穀物中汲取營養。會發展出這種能力可能是因為馴養在家中的狗不斷吃下剩菜殘渣，改變了牠們的消化系統。

狗有鋒利的尖牙和相對較短的消化道，因此身體更適合肉食性飲食（相較之下，人類的消化道長度很可觀，專門用於消化複雜的碳水化合物和蔬菜纖維）。狗兒理想的飲食分配比例是56%的蛋白質、30%的脂肪和14%的碳水化合物。牠們還需要牛磺酸（taurine）和精氨酸（arginine）等胺基酸以及維生素 D，通常會從動物的肉中獲取，但可能以營養補充品的方式添加到食物中。

市面上買得到添加了胺基酸和維生素的高蛋白素食和純素寵物食品，以此方式養狗吃素是可以的，但需要非常小心注意是否滿足了牠們的營養需求。根據英國獸醫協會（British Veterinary Association）主席的說法：「理論上可以給狗餵素食，但是要不出錯很困難。」

10.02 只是骨頭有什麼好大驚小怪的？

狗為什麼喜歡啃骨頭？看起來費了那麼大功夫才不過吃到一點點東西。嗯哼，骨骼中富含營養豐富且熱量很高的骨髓，這是一種綿軟、多油脂的海綿狀組織，是哺乳動物和鳥類生產新鮮血液細胞的主要場所。狗從這些骨髓中獲得大量營養，但許多狗也吃骨頭本身。這樣吃似乎令人不解，因為骨頭很難分解，但很多狗都非常享受這個過程，經常花幾個小時啃一大塊骨頭，直到吃得什麼都不剩。

狗**如此**喜歡骨頭的原因可能要追溯到牠們的狼祖先。在食物稀缺的冬季末尾，狼捕食到的大型哺乳動物身上脂肪通常較少。那些能夠從獵物中獲得最多營養的狼最有可能存活到下一季，而存有高密度卡路里的最後一處就是骨髓中的脂肪。這意味著所有喜歡啃骨頭的狼都比那些不喜歡啃的有更大的生存機會。**骨頭也是一種極好的熱量儲存系統：骨髓在完整的骨頭內可以保存完好，使得它特別適合先被埋藏起來，並在狗餓了（以及其他夥伴都不在）的時候再挖出來享用。**

給各位一點忠告：給你的狗生骨頭，不要煮過的。堅硬緊實的骨頭外殼在加熱烹煮過程會乾掉，變得脆而易碎，容易產生尖利的碎片刺傷狗兒的口腔與腸道。

10.03 狗為何貪吃？

發達國家的犬隻肥胖率從 34% 到 59% 不等，可能導致過早夭亡和多種健康問題。但與人類一樣，這不僅是貪吃和缺乏自制力的結果——問題也在牠們的基因裡。

狗和其近親狼祖先一樣，有一口氣吃掉大量食物的能力。狼是活動力強的群居動物，牠們齊心協力捕殺大型哺乳動物，一旦將獵物放倒，每隻狼就必須與狼群其他成員競爭，吃得愈快愈好，才能分得可觀的狩獵戰果。狩獵可能不會經常有收穫，尤其在冬天，每次捕殺獵物可能要隔好幾天甚至幾週，所以能吃到足夠食物以存活到下一次捕獲獵物，這一點對狼來說很重要。儘管家犬每天都被餵食，但仍一直維持著這種狼吞虎嚥的本能，而且許多狗無事可做時，顯得懶洋洋的，很少活動，結果造成犬隻肥胖情況大幅增加。

據估計，**先進富裕國家的狗近三分之二都超重，狀況最嚴重的是拉布拉多犬**。為什麼是拉布拉多犬？二〇一六年發表在《細胞代謝》（*Cell Metabolism*）期刊的一項研究發現了可能的答案：名為 POMC 的基因編碼中含有一種蛋白質有助於在進食後關閉饑餓感，有四分之一的拉布拉多犬體內遺傳留下的是變異後的 POMC 基因。比起寵物狗，這種基因變異在被挑選為工作犬（如導盲犬等）的狗身上更為常見，這點幾乎毋庸置疑，因為訓練模式是以食物獎賞為誘因，拉布拉多犬的回應最積極，最容易接受訓練。由於人類會挑選且繁殖最（愛吃因而）容易訓練以及更能派上用場的狗，結果無意中使肥胖問題變得更嚴重。

10.04 狗糧的成分是什麼？

二〇二〇年全球寵物飼料交易營業額為五百四十八億英鎊（七百四十六億美元），而僅英國市場就有二十九億英鎊（三十七億美元）。寵物食品於一八六〇年代首次上市販售，由美國企業家詹姆斯・史普拉特（James Spratt）在英國推出，據說他剛開始是打算前往倫敦做避雷裝置的生意，但當時他拿到一些已經不能吃的水手乾糧（ship's biscuit）餵自己的狗，因此改變主意，至少故事是這麼傳下來的。他發現這是市場上前所未有的產品，靈機一動想出了他的「肉纖維狗餅乾」（Meat Fibrine Dog Cake）。還蠻好吃的。他的產品空前暢銷，首先是在英國大賣，後來到了美國，查爾斯・克魯夫特（Charles Cruft）是他早期在英國的員工之一，最終離職去舉辦克魯夫茨犬展（Crufts dog show）。

　　儘管關於飼料的恐怖傳言不少，但寵物食品公司可不是淨往狗糧中亂添東西。這門產業受到高度規範，有些標準高得驚人：做為原料的生物必須經過獸醫檢查，以確保牠們在屠宰時適合人類食用。禁止使用寵物、路殺動物屍體、野生動物、實驗室動物和帶有毛皮的動物，發病或染病動物的肉也不得使用。狗糧通常混合了牛、雞、羊和魚肉，原料來自製作人類食品時汰除的下腳料、餘留物和副產品。其中常含有**肝臟、腎臟、乳房、肚腹、蹄子和肺部等部位，這些聽起來可能不是會令人胃口大開的東西，但狗兒很愛吃**（當狼在野外殺死獵物時，經常在吃大肌肉群之前先吞食肺部、胃壁黏膜、肝臟、心臟和腎臟等內臟部位）。還有一點很重要，這意味著被屠宰的動物所有可利用的部位都沒有浪

費。

　　雖然狗糧商品的成分主要是肉類，但也常添加玉米和小麥等穀物，以及營養添加劑如牛磺酸（一種狗無法自行製造的胺基酸）、維生素 A、D、E、K 和各種礦物質。近來開始流行「去穀物」飲食，但請務必先向獸醫請教──狗無論如何還是需要攝取纖維。

　　溼狗糧通常由肉類、肉品餘留物與穀物、蔬菜和牛磺酸之類的營養添加劑混合製成，煮熟做成肉餅後切成塊狀，再與果凍或肉汁混合。然後裝進罐子、碟子或小袋中，放到攝氏一百一十六到一百三十度（華氏二百四十一到二百六十六度）的殺菌釜（一種巨大的壓力鍋）中重新烹煮以殺死細菌，使密封包裝絕對無菌，且保存期限極長。最後等罐子冷卻就貼上標籤。

　　乾狗糧（或粗磨飼料）更有趣。與溼狗糧一樣，也是從肉類和肉品餘留物的混合物開始，但通常將它們煮熟並磨成乾粉，然後再與穀物、蔬菜和營養添加劑混合。加入水和蒸氣製成又熱又厚的麵團，再放進擠壓機（extruder，一個超大螺旋機器，能壓縮並加熱麵團）擠出來，接著塞進一個稱為塑模（die）的小噴嘴（起司泡芙的製作方法大致相同），在噴出時通過旋轉刀片削切出形狀。這種加熱方式會使肉的營養成分有些許減損，因此稍後需要添加更多營養成分。煮熟的麵團出來時，因壓力變化而膨脹成粗粒狀，這些粗顆粒經加熱乾燥後，再噴灑上調味料和營養添加劑，以補充整個過程中減損的那些養分。

　　最近，餵食生肉蔚為風潮。若你也頗好此道，處理時請務必小心，我建議一如既往，先向獸醫諮詢，而不是自己讀讀毫無研究根據的意見貼文。

10.05 什麼東西吃了對狗有害？

以下這些東西絕對不能拿給狗吃：

1. **巧克力** —— 可可鹼（theobromine）和咖啡因（caffeine）等興奮劑對狗是危險的。

2. **洋蔥、細香蔥與大蒜** —— 會刺激胃腸道，損害紅血球細胞。

3. **咖啡** —— 一樣，可可鹼和咖啡因會對狗有害。

4. **木糖醇（Xylitol）** —— 許多口香糖的常見成分，可能使狗發生低血糖（hypoglycaemia）與肝衰竭的情況。

5. **酪梨** —— 含有酪梨素（persin），這種化合物可能引起嘔吐與腹瀉。

6. **葡萄與葡萄乾** —— 可能嚴重損害肝臟。

7. **夏威夷豆（*Macadamia* nut）** —— 含有會損害狗兒肌肉與神經系統的毒素。

8. **玉米棒** —— 玉米穗軸可能會卡在消化道裡。

巧克力和咖啡中的可可鹼和咖啡因會影響狗的神經系統，增加心率，導致腎功能衰竭與體溫降低。不同的狗對巧克力的反應也不一樣，取決於體型大小、對興奮劑的敏感度，以及所吃的巧克力中可可鹼和咖啡因的含量比例（黑巧克力的濃度比牛奶巧克力更高）。中毒的初期跡象是口水分泌過量、嘔吐和腹瀉，如果你懷疑自己的狗吃了巧克力，最好盡快聯繫獸醫。

鮮綠的新生狗寶寶

二〇二〇年在義大利，曾有一窩幼犬出生時，其中一隻的毛皮明顯帶著綠色，而在美國有隻德國牧羊犬生了八隻幼崽，其中一隻身體的顏色是檸檬綠。飼主將牠取名為綠巨人（Hulk）。這種奇怪的現象可能是由於幼犬接觸胎糞（一種綠色焦油狀物質，鋪在新生幼崽的腸道內，通常就是牠們第一次排便的成分），或者接觸了一種來自母親胎盤的綠色化合物，膽綠素（biliverdin）。這種染上的顏色通常在幾週後就會褪去。

參考資料

編寫本書的過程中，我閱讀了大量書籍、文章和研究論文，儘管科研成果範圍很廣，且其中一些看法完全矛盾，我還是要好好感謝所有這些出色的作者（抱歉這裡只列出了一小部分）。這就是科學研究的本質——隨著研究方法的變化，研究成果的性質也在變化，許多像我這樣愛好科學的推廣者必須盡可能廣泛閱讀，評估相關性和背景，並在資訊密林中理出一條路徑，祈禱自己並沒有偏離真相。我盡我最大的努力釐清自己講述的是科學研究還是想法觀點，即使是獸醫專業人士的觀點。關於狗的知識還有很多，每一項新研究都有助於我們更了解牠們，並將牠們照顧得更好。

整體

'Rabies: Epidemiology and burden of disease'
who.int/rabies/epidemiology/en/

'Meta analytical study to investigate the risk factors for aggressive dog-human interactions' (DEFRA)
sciencesearch.defra.gov.uk/Default.aspx?Menu=Menu& Module=More&Location=None&Completed=0&ProjectID=16649

'Pet Population 2020' (PFMA)
pfma.org.uk/pet-population-2021

'PDSA Animal Wellbeing (PAW) Report 2020' (PDSA/YouGov)
pdsa.org.uk/media/10540/pdsa-paw-report-2020.pdf
The 2020 PDSA (People's Dispensary for Sick Animals) survey via YouGov is startlingly comprehensive and has very different results to the PDSA with a larger sample size-showing 10.9 million cats to 10.1 million dogs. But the way it presents the data made me a little wary.

'Pet Industry Market Size & Ownership Statistics' (American Pet Products Association)
americanpetproducts.org/press_industrytrends.asp

'Pet ownership Global GfK survey' (GfK, 2016)
cdn2.hubspot.net/hubfs/2405078/cms-pdfs/fileadmin/user_upload/country_
one_pager/nl/documents/global-gfk-survey_pet-ownership_2016.pdf

'Ancient European dog genomes reveal continuity since the Early Neolithic' by Laura R Botigué *et al, Nature Communications* 8, 16082 (2017)
nature.com/articles/ncomms16082

'Dogs Trust: Facts and figures'
dogstrustdogschool.org.uk/facts-and-figures/

'In what sense are dogs special? Canine cognition in comparative context' by Stephen EG Lea & Britta Osthaus, *Learning & Behavior* 46 (2018), pp335-363
link.springer.com/article/10.3758%2Fs13420-018-0349-7

2.01 狗兒簡史

'Dog domestication and the dual dispersal of people and dogs into the Americas'
by Angela R Perri *et al, Proceedings of the National Academy of Sciences of the United States of America* 118(6) (2021), e2010083118
pnas.org/content/118/6/e2010083118

2.02 狗基本上算是可愛版的狼嗎？

'Dietary nutrient profiles of wild wolves: insights for optimal dog nutrition?' by Guido Bosch, Esther A Hagen-Plantinga, Wouter H Hendriks, *British Journal of Nutrition* 113(S1) (2015), ppS40-S54
pubmed.ncbi.nlm.nih.gov/25415597/

'Social Cognitive Evolution in Captive Foxes Is a Correlated By-Product of Experimental Domestication'
by Brian Hare *et al, Current Biology* 15(3) (2005), pp226-230
sciencedirect.com/science/article/pii/S0960982205000928

2.03 狗是如何被馴化的？

'Dog domestication and the dual dispersal of people and dogs into the Americas'
by Angela R Perri *et al, Proceedings of the National Academy of Sciences of the United States of America* 118(6) (2021), e2010083118
pnas.org/content/118/6/e2010083118

'A new look at an old dog: Bonn-Oberkassel reconsidered'
by Luc Janssens *et al, Journal of Archaeological Science* 92 (2018), pp126-138
sciencedirect.com/science/article/abs/pii/S0305440318300049

'Dogs were domesticated not once, but twice… in different parts of the world'
ox.ac.uk/news/2016-06-02-dogs-were-domesticated-not-once-twice%E2%80%A6-different-parts-world#

2.04 狗兒如何虜獲人心？

'Oxytocin-gaze positive loop and the coevolution of human-dog bonds'
by Miho *Nagasawa et al, Science* 348: 6232 (2015), pp333-336
science.sciencemag.org/content/348/6232/333

'Neurophysiological correlates of affiliative behaviour between humans and dogs'
by JSJ Odendaal & RA Meintjes, *The Veterinary Journal* 165:3 (2003), pp296-301
sciencedirect.com/science/article/abs/pii/S109002330200237X?via%3Dihub

'Oxytocin enhances the appropriate use of human social cues by the domestic dog (*Canis familiaris*) in an object choice task'
by JL Oliva, JL Rault, B Appleton & A Lill, *Animal Cognition* 18 (2015), pp 767-775
link.springer.com/article/10.1007/s10071-015-0843-7

'How dogs stole our hearts'
sciencemag.org/news/2015/04/how-dogs-stole-our-hearts

2.05 為什麼狗喜歡人類呢？

'Structural variants in genes associated with human Williams-Beuren syndrome underlie stereotypical hypersociability in domestic dogs'
by Bridgett M vonHoldt *et al, Science Advances* 3:7 (2017), e1700398
advances.sciencemag.org/content/3/7/e1700398

'Neurophysiological correlates of affiliative behaviour between humans and dogs'
by JSJ Odendaal & RA Meintjes, *The Veterinary Journal* 165:3 (2003), pp296-301
sciencedirect.com/science/article/abs/pii/S109002330200237X?via%3Dihub

'For the love of dog: How our canine companions evolved for affection'
newscientist.com/article/mg24532630-700-for-the-love-of-dog-how-our-canine-companions-evolved-for-affection/

3.03 為什麼狗會朝著南北向排便？

'Cryptochrome 1 in retinal cone photoreceptors suggests a novel functional role in mammals'
by Christine Nießner *et al, Scientific Reports* 6, 21848 (2016)
nature.com/articles/srep21848

'Dogs are sensitive to small variations of the Earth's magnetic field'
by Vlastimil Hart *et al, Frontiers in Zoology* 10:80 (2013)
frontiersinzoology.biomedcentral.com/articles/10.1186/1742-9994-10-80

'Pointer dogs: Pups poop along north-south magnetic lines'
livescience.com/42317-dogs-poop-along-north-south-magnetic-lines.html

'Magnetoreception molecule found in the eyes of dogs and primates'
brain.mpg.de//news-events/news/news/archive/2016/february/article/
magnetoreception-molecule-found-in-the-eyes-of-dogs-and-primates.html

3.04 你的狗身上有多少根毛？

'Weight to body surface area conversion for dogs'
msdvetmanual.com/special-subjects/reference-guides/weight-to-body-surface-
area-conversion-for-dogs

3.07 為什麼狗狗喝水會濺得一塌糊塗？

'Dogs lap using acceleration-driven open pumping'
by Sean Gart, John J Socha, Pavlos P Vlachos & Sunghwan Jung, *Proceedings of the National Academy of Sciences of the United States of America*, 112(52) (2015), 15798-15802
pnas.org/content/112/52/15798

4.01 為什麼狗會放屁（貓咪卻不會）？

'The difference between dog and cat nutrition'
en.engormix.com/pets/articles/the-difference-between-dog-t33740.htm

'Digestive Tract Comparison'
cpp.edu/honorscollege/documents/convocation/AG/AVS_Jolitz.pdf

4.02 扒狗屎，長知識

'Dog Fouling'
hansard.parliament.uk/Commons/2017-03-14/debates/EB380013-5820-42A0-
A7B9-29FF672000CE/DogFouling

4.04 什麼公狗撒尿要抬腿？

'Urine marking in male domestic dogs: honest or dishonest?'
by B McGuire, B Olsen, KE Bemis, D Orantes, *Journal of Zoology* 306:3 (2018), pp163-170
zslpublications.onlinelibrary.wiley.com/doi/abs/10.1111/jzo.12603?af=R

4.09 狗狗舔臉頰有什麼不好嗎？

'The Canine Oral Microbiome'
by Floyd E Dewhirst *et al, PLOS ONE* 7(4) (2012), e36067
journals.plos.org/plosone/article?id=10.1371/journal.pone.0036067

4.10 為什麼狗喜歡互聞屁股？

'When the nose doesn't know: canine olfactory function associated with health, management, and potential links to microbiota'
by Eileen K Jenkins, Mallory T DeChant & Erin B Perry, *Frontiers in Veterinary Science* 5:56 (2018)
ncbi.nlm.nih.gov/pmc/articles/PMC5884888/

'Dyadic interactions between domestic dogs'
by John WS Bradshaw & Amanda M Lea, *Anthrozoös* 5:4 (1992), pp245-253
tandfonline.com/doiabs/10.2752/089279392787011287?journalCode=rfan20

4.11 吃屎狗是怎麼回事？

'Social organization of African Wild Dogs (*Lycaon pictus*) on the Serengeti Plains, Tanzania 1967-1978'
by Lory Herbison Frame, James R Malcolm, George W Frame & Hugo Van Lawick, *Ethology* 50:3 (1979), pp225-249
onlinelibrary.wiley.com/doi/abs/10.1111/j.1439-0310.1979.tb01030.x

'Territoriality and scent marking behavior of African Wild Dogs in northern Botswana'
by Margaret Parker, *Graduate Student Theses, Dissertations, & Professional Papers*, 954 (University of Montana, 2010)
scholarworks.umt.edu/cgi/viewcontent.cgi?article=1973&context=etd

5.01 狗會有罪惡感嗎？

'Disambiguating the "guilty look": Salient prompts to a familiar dog behaviour'
by Alexandra Horowitz, *Behavioural Processes* 81:3 (2009), pp447-452
sciencedirect.com/science/article/abs/pii/S0376635709001004

'Behavioral assessment and owner perceptions of behaviors associated with guilt in dogs'
by Julie Hecht, Ádám Miklósi & Márta Gács, *Applied Animal Behaviour Science* 139 (2012), pp134-142
etologia.elte.hu/file/publikaciok/2012/HechtMG2012.pdf

'Jealousy in Dogs'
by Christine R Harris & Caroline Prouvost, PLOS ONE 9(7) (2014), e94597
journals.plos.org/plosone/article?id=10.1371/journal.pone.0094597

'Dogs understand fairness, get jealous, study finds'
npr.org/templates/story/story.php?storyId=97944783&t=1608741741655

'Shut up and pet me! Domestic dogs (*Canis lupus familiaris*) prefer petting to vocal praise in concurrent and single-alternative choice procedures'
by Erica N Feuerbacher & Clive DL Wynn, *Behavioural Processes* 110 (2015), pp47-59
blog.wunschfutter.de/blog/wp-content/uploads/2015/02/Shut-up-and-pet-me.pdf

5.03 尾巴左搖與右搖有何不同意涵？

'Hemispheric Specialization in Dogs for Processing Different Acoustic Stimuli'
by Marcello Siniscalchi, Angelo Quaranta & Lesley J Rogers, *PLOS ONE* 3(10) (2008), e3349
journals.plos.org/plosone/article?id=10.1371/journal.pone.0003349

'Lateralized Functions in the Dog Brain'
by Marcello Siniscalchi, Serenella D'Ingeo & Angelo Quaranta, *Symmetry* 9(5) (2017), 71
mdpi.com/2073-8994/9/5/71/htm

5.04 你家狗狗有多聰明？

'Dogs recognize dog and human emotions'
by Natalia Albuquerque *et al, Biology Letters* 12:1 (2016)
royalsocietypublishing.org/doi/10.1098/rsbl.2015.0883

'Female but not male dogs respond to a size constancy violation'
by Corsin A Müller *et al, Biology Letters* 7:5 (2011)
royalsocietypublishing.org/doi/10.1098/rsbl.2011.0287

'Brain size predicts problem-solving ability in mammalian carnivores'
by Sarah Benson-Amram *et al, Proceedings of the National Academy of Sciences of the United States of America* 113(9) (2016), 2532-2537
pnas.org/content/113/9/2532

'Free-ranging dogs are capable of utilizing complex human pointing cues'
by Debottam Bhattacharjee *et al, Frontiers in Psychology* 10:2818 (2020)
frontiersin.org/articles/10.3389/fpsyg.2019.02818/full

5.05 你的狗愛你嗎（或者只是需要你）？

'Oxytocin-gaze positive loop and the coevolution of human-dog bonds'
by Miho Nagasawa *et al, Science* 348:6232 (2015), pp333-336
science.sciencemag.org/content/348/6232/333

'The genomics of selection in dogs and the parallel evolution between dogs and humans'
by Guo-dong Wang *et al, Nature Communications* 4, 1860 (2013)
nature.com/articles/ncomms2814

'Scent of the familiar: An fMRI study of canine brain responses to familiar and unfamiliar human and dog odors'
by Gregory S Berns, Andrew M Brooks & Mark Spivak, *Behavioural Processes* 110 (2015), pp37-46
sciencedirect.com/science/article/pii/S0376635714000473

'Dogs recognize dog and human emotions'
by Natalia Albuquerque et al, *Biology Letters* 12:1 (2016)
royalsocietypublishing.org/doi/10.1098/rsbl.2015.0883

'An exploratory study about the association between serum serotonin concentrations and canine-human social interactions in shelter dogs (Canis familiaris)'
by Daniela Alberghina *et al, Journal of Veterinary Behavior* 18 (2017), pp96-101
sciencedirect.com/science/article/abs/pii/S1558787816301514

'Empathic-like responding by domestic dogs (*Canis familiaris*) to distress in humans: an exploratory study'
by Deborah Custance & Jennifer Mayer, *Animal Cognition* 15 (2012), 851-859
academia.edu/1632457/Empathic_like_responding_by_domestic_dogs_Canis_familiaris_to_distress_in_humans_an_exploratory_study

5.06 我的狗在想些什麼？

'Third-party social evaluations of humans by monkeys and dogs'
by James R Anderson *et al, Neuroscience & Biobehavioral Reviews* 82 (2017),
pp95-109
sciencedirect.com/science/article/abs/pii/S0149763416303578

'Voice-sensitive regions in the dog and human brain are revealed by comparative fMRI'
by Attila Andics *et al, Current Biology* 24:5 (2014), pp574-578
sciencedirect.com/science/article/pii/S0960982214001237?via%3Dihub

'Empathic-like responding by domestic dogs (Canis familiaris) to distress in humans: an exploratory study'
by Deborah Custance & Jennifer Mayer, *Animal Cognition* 15 (2012), 851-859
academia.edu/1632457/Empathic_like_responding_by_domestic_dogs_Canis_familiaris_to_distress_in_humans_an_exploratory_study

'Dogs can discriminate emotional expressions of human faces'
by Corsin A Müller, Kira Schmitt, Anjuli LA Barber & Ludwig Huber, *Current Biology* 25:5 (2015), pp601-605
sciencedirect.com/science/article/pii/S0960982214016935?via%3Dihub

5.07 狗為什麼會打哈欠？

'Social modulation of contagious yawning in wolves'
by Teresa Romero, Marie Ito, Atsuko Saito & Toshikazu Hasegawa, *PLOS ONE* 9(8) (2014), e105963
ncbi.nlm.nih.gov/pmc/articles/PMC4146576/

'Familiarity bias and physiological responses in contagious yawning by dogs support link to empathy'
by Teresa Romero, Akitsugu Konno & Toshikazu Hasegawa, *PLOS ONE* 8(8) (2013), e71365
journals.plos.org/plosone/article?id=10.1371/journal.pone.0071365

'Dogs catch human yawns'
by Ramiro M Joly-Mascheroni, Atsushi Senju & Alex J Shepherd, *Biology Letters* 4:5 (2008)
royalsocietypublishing.org/doi/10.1098/rsbl.2008.0333

'A test of the yawning contagion and emotional connectedness hypothesis in dogs, *Canis familiaris*'
by Sean J O'Hara & Amy V Reeve, *Animal Behaviour* 81:1 (2011), pp335-40
sciencedirect.com/science/article/abs/pii/S0003347210004483

'Auditory contagious yawning in domestic dogs (*Canis familiaris*): first evidence for social modulation'
by Karine Silva, Joana Bessa & Liliana de Sousa, *Animal Cognition* 15:4 (2012), pp721-4
pubmed.ncbi.nlm.nih.gov/22526686/

'Familiarity-connected or stress-based contagious yawning in domestic dogs (*Canis familiaris*)? Some additional data'
by Karine Silva, Joana Bessa & Liliana de Sousa, *Animal Cognition* 16 (2013), pp1007-1009
link.springer.com/article/10.1007/s10071-013-0669-0

'Contagious yawning, social cognition, and arousal: An investigation of the processes underlying shelter dogs'
responses to human yawns' by Alicia Phillips Buttner & Rosemary Strasser, *Animal Cognition* 17:1 (2014), pp95-104
pubmed.ncbi.nlm.nih.gov/23670215/

5.10 狗會做夢嗎？如果會的話，夢中出現什麼？

'Baseline sleep-wake patterns in the pointer dog'
by EA Lucas, EW Powell & OD Murphree, *Physiology & Behavior* 19(2) (1977), pp285-91
pubmed.ncbi.nlm.nih.gov/203958/

'Temporally structured replay of awake hippocampal ensemble activity during rapid eye movement sleep'
by Kenway Louie & Matthew A Wilson, *Neuron* 29 (2001), pp145-156
cns.nyu.edu/~klouie/papers/LouieWilson01.pdf

5.13 狗為什麼這麼貪玩？

'Why do dogs play? Function and welfare implications of play in the domestic dog'
by Rebecca Sommerville, Emily A O'Connor & Lucy Asher, *Applied Animal Behaviour Science* 197 (2017), pp1-8
sciencedirect.com/science/article/abs/pii/S0168159117302575

'Intrinsic ball retrieving in wolf puppies suggests standing ancestral variation for human-directed play behavior'
by Christina Hansen Wheat & Hans Temrin, *iScience* 23:2 (2020), 100811
sciencedirect.com/science/article/pii/S2589004219305577?via%3Dihub

'Partner preferences and asymmetries in social play among domestic dog, *Canis lupus familiaris*, littermates'
by Camille Ward, Erika B Bauer & Barbara B Smuts, *Animal Behaviour* 76:4 (2008), pp1187-1199
sciencedirect.com/science/article/pii/S0003347208002741?via%3Dihub#bib19

'Squirrel monkey play-fighting: making the case for a cognitive training function for play'
by Maxeen Biben in *Animal Play: Evolutionary, Comparative, and Ecological Perspectives* by M Bekoff & JA Byers (Eds) (Cambridge University Press, 1998), pp161-182
psycnet.apa.org/record/1998-07899-008

The Genesis of Animal Play: Testing the Limits by GM Burghardt (MIT Press, 2005)
mitpress.mit.edu/books/genesis-animal-play

'Playful defensive responses in adult male rats depend on the status of the unfamiliar opponent'
by LK Smith, S-LN Fantella & SM Pellis, *Aggressive Behavior* 25:2 (1999), pp141-152
onlinelibrary.wiley.com/doi/abs/10.1002/%28SICI%2910982337%281999%2925%3A2%3C141%3A%3AAID-AB6%3E3.0.CO%3B2-S

'Play fighting does not affect subsequent fighting success in wild meerkats'
by Lynda L Sharpe, *Animal Behaviour* 69:5 (2005), pp1023-1029
sciencedirect.com/science/article/abs/pii/S0003347204004609

5.16 狗為何會追著自己的尾巴？

'Environmental effects on compulsive tail chasing in dogs'
journals.plos.org/plosone/article?id=10.1371/journal.pone.0041684

6.01 狗的嗅覺

'The science of sniffs: disease smelling dogs'
understandinganimalresearch.org.uk/news/research-medical-benefits/the-science-of-sniffs-disease-smelling-dogs/

6.02 狗兒真的能嗅聞出人類的疾病嗎？

'Olfactory detection of human bladder cancer by dogs: proof of principle study'
by Carolyn M Willis et al, BMJ 329(7468):712 (2004)
ncbi.nlm.nih.gov/pmc/articles/PMC518893/

Medical Detection Dogs
https://www.medicaldetectiondogs.org.uk/

6.03 狗的視覺

'What do dogs (*Canis familiaris*) see? A review of vision in dogs and implications for cognition research' by Sarah-Elizabeth Byosiere, Philippe A Chouinard, Tiffani J Howell & Pauleen C Bennett, *Psychonomic Bulletin & Review* 25 (2018), pp1798-1813
link.springer.com/article/10.3758/s13423-017-1404-7

7.01 狗為什麼吠叫？

'Barking dogs as an environmental problem'
by CL Senn & JD Lewin,
Journal of the American Veterinary Medicine Association 166(11) (1975),
pp1065-1068.
europepmc.org/article/med/1133065

7.02 你說話時，你的狗究竟聽進了什麼？

'Dog-directed speech: why do we use it and do dogs pay attention to it?'
by Tobey Ben-Aderet, Mario Gallego-Abenza, David Reby & Nicolas Mathevon, *Proceedings of the Royal Society* B 284:1846 (2017)
royalsocietypublishing.org/doi/10.1098/rspb.2016.2429

'Neural mechanisms for lexical processing in dogs'
by Attila Andics *et al, Science* 10.1126/science.aaf3777 (2016)
pallier.org/lectures/Brain-imaging-methods-MBC-UPF-2017/papers-for-presentations/Andics%20et%20al.%20-%202016%20-%20Neural%20mechanisms%20for%20lexical%20processing%20in%20dogs.pdf

'Shut up and pet me! Domestic dogs (*Canis lupus familiaris*) prefer petting to vocal praise in concurrent and single-alternative choice procedures'
by Erica N Feuerbacher & Clive DL Wynn, *Behavioural Processes* 110 (2015), pp47-59
blog.wunschfutter.de/blog/wp-content/uploads/2015/02/Shut-up-and-pet-me.pdf

8.01 貓派 vs. 狗派

'Personalities of Self-Identified "Dog People" and "Cat People"'
by Samuel D Gosling, Carson J Sandy & Jeff Potter, *Anthrozoös* 23(3) (2010),
pp213-222
researchgate.net/publication/233630429_Personalities_of_Self-Identified_
Dog_People_and_Cat_People

'Cat People, Dog People' (Facebook Research)
research.fb.com/blog/2016/08/cat-people-dog-people/

'Owner perceived differences between mixed-breed and purebred dogs'
by Borbála Turcsán, Ádám Miklósi & Enikő Kubinyi, *PLOS ONE* 12(2)
(2017), e0172720.
journals.plos.org/plosone/article?id=10.1371/journal.pone.0172720

'The personality of "aggressive" and "non-aggressive" dog owners'
by Deborah L Wells & Peter G Hepper, *Personality and Individual Differences*
53:6 (2012), pp770-773
sciencedirect.com/science/article/abs/pii/S0191886912002875?via%3Dihub

'Birds of a feather flock together? Perceived personality matching in owner-
dog dyads'
by Borbála Turcsán et al, *Applied Animal Behaviour Science* 140:3-4 (2012),
pp154-160
sciencedirect.com/science/article/abs/pii/S0168159112001785?via%3Dihub

'Personality characteristics of dog and cat persons'
by Rose M Perrine & Hannah L Osbourne, *Anthrozoös* 11:1 (1998), pp33-40
tandfonline.com/doi/abs/10.1080/08927936.1998.11425085

8.02 養條狗要花多少錢？

rover.com/blog/uk/cost-of-owning-a-dog/

8.04 狗主人的外貌會與自己的狗相近？

'Do dogs resemble their owners?'
by Michael M Roy & JS Christenfeld Nicholas, *Psychological Science* 15:5 (2004)
journals.sagepub.com/doi/abs/10.1111/j.0956-7976.2004.00684.x

'Self seeks like: many humans choose their dog pets following rules used for assortative mating'
by Christina Payne & Klaus Jaffe, *Journal of Ethology* 23 (2005), pp15-18
link.springer.com/article/10.1007/s10164-004-0122-6

8.05 養狗有益健康嗎？

'Dog ownership and the risk of cardiovascular disease and death-a nationwide cohort study'
by Mwenya Mubanga *et al, Scientific Reports* 7 (2017), 15821
nature.com/articles/s41598-017-16118-6?utm_medium=affiliate&utm_source=commission_junction&utm_campaign=3_nsn6445_deeplink_PID100080543&utm_content=deeplink

'Dog ownership associated with longer life, especially among heart attack and stroke survivors'
newsroom.heart.org/news/dog-ownership-associated-with-longer-life-especially-among-heart-attack-and-stroke-survivors

'Why having a pet is good for your health'
health.harvard.edu/staying-healthy/why-having-a-pet-is-good-for-your-health

'Children reading to dogs: A systematic review of the literature'
by Sophie Susannah Hall, Nancy R Gee & Daniel Simon Mills, *PLOS ONE* 11(2) (2016), e0149759
journals.plos.org/plosone/article?id=10.1371/journal.pone.0149759

'Dog ownership and cardiovascular health: Results from the Kardiovize 2030 project'
by Andrea Maugeri *et al, Mayo Clinic Proceedings: Innovations, Quality & Outcomes* 3:3 (2019), pp268-275
sciencedirect.com/science/article/pii/S2542454819300888

'Benefits of dog ownership: Comparative study of equivalent samples'
by Mónica Teresa González Ramírez & René Landero Hernández, *Journal of Veterinary Behavior* 9:6 (2014), pp311-315
pubag.nal.usda.gov/catalog/5337636

'Pet ownership and the risk of dying from lung cancer, findings from an 18 year follow-up of a US national cohort'
by Atin Adhikari *et al, Environmental Research* 173 (2019), pp379-386
sciencedirect.com/science/article/abs/pii/S0013935119300416

'The relationship between dog ownership, psychopathological symptoms and health-benefitting factors in occupations at risk for traumatization'
by Johanna Lass-Hennemann, Sarah K Schäfer, M Roxanne Sopp & Tanja Michael, *International Journal of Environmental Research and Public Health* 17(7): 2562 (2020)
ncbi.nlm.nih.gov/pmc/articles/PMC7178020/

'Why do dogs play? Function and welfare implications of play in the domestic dog'
by Rebecca Sommerville, Emily A O'Connor & Lucy Asher, *Applied Animal Behaviour Science* 197 (2017), pp1-8
sciencedirect.com/science/article/abs/pii/S0168159117302575

'Physical activity benefits from taking your dog to the park'
by Jenny Veitch, Hayley Christian, Alison Carver & Jo Salmon, *Landscape and Urban Planning* 185 (2019), pp173-179
sciencedirect.com/science/article/abs/pii/S0169204618312805

8.06 你不在家的時候，狗狗都做了些啥？

'Separation anxiety in dogs'
rspca.org.uk/adviceandwelfare/pets/dogs/behaviour/
separationrelatedbehaviour

8.07 養狗對氣候變遷的影響

'Environmental impacts of food consumption by dogs and cats'
by Gregory S Okin, *PLOS ONE* 12(8) (2017), e0181301
journals.plos.org/plosone/article?id=10.1371/journal.pone.0181301

'The ecological paw print of companion dogs and cats'
by Pim Martens, Bingtao Su & Samantha Deblomme, *BioScience* 69:6 (2019),
pp467-474
academic.oup.com/bioscience/article/69/6/467/5486563

'The climate mitigation gap: education and government recommendations
miss the most effective individual actions'
by Seth Wynes & Kimberly A Nicholas, *Environmental Research Letters* 12:7
(2017)
iopscience.iop.org/article/10.1088/1748-9326/aa7541

9.02 貓狗東西軍：社會與醫學領域

'Pet Population 2020' (PFMA)
pfma.org.uk/pet-population-2020

'Pet Industry Market Size & Ownership Statistics' (American Pet Products
Association)
americanpetproducts.org/press_industrytrends.asp

9.03 貓狗東西軍：體能正面交鋒

'Dogs have the most neurons, though not the largest brain: trade-off between body mass and number of neurons in the cerebral cortex of large carnivoran species'
by Débora Jardim-Messeder *et al, Frontiers in Neuroanatomy* 11:118 (2017)
frontiersin.org/articles/10.3389/fnana.2017.00118/full

'The role of clade competition in the diversification of North American canids'
by Daniele Silvestro, Alexandre Antonelli, Nicolas Salamin & Tiago B Quental, Proceedings of the *National Academy of Sciences of the United States of America* 112(28) (2015), 8684-8689
pnas.org/content/112/28/8684

10.03 狗為何貪吃？

'A deletion in the canine POMC gene is associated with weight and appetite in obesity-prone labrador retriever dogs'
by Eleanor Raffan *et al, Cell Metabolism* 23:5 (2016), pp893-900
cell.com/cell-metabolism/fulltext/S1550-4131(16)30163-2

10.04 狗糧的成分是什麼？

'Identification of meat species in pet foods using a real-time polymerase chain reaction (PCR) assay'
by Tara A Okumaa & Rosalee S Hellberg, *Food Control* 50 (2015), pp9-17
sciencedirect.com/science/article/abs/pii/S0956713514004666

'Animal by-products' (EU)
ec.europa.eu/food/safety/animal-by-products_en

'Pet food' (Food Standards Agency)
food.gov.uk/business-guidance/pet-food

致謝

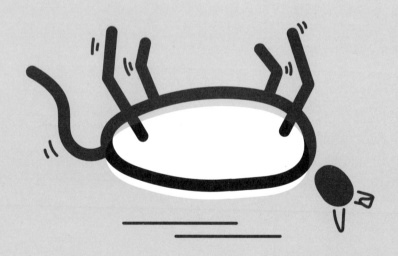

　　數千名出色的研究人員和寫作者將自己的專業知識付梓發表，成為本書內容的堅實基礎，雖然我所參考引述的主要論文和書籍已列舉在此，但還有數百筆著作對於理解這個美妙領域是不可或缺的。其中大部分是公費資助的研究，但奇怪又可悲的是，科學期刊出版商有效地進行壟斷，向公眾封鎖這些知識，且從中獲利豐厚。希望這種情況早日改變。

　　非常感謝方舞（Quadrille）出版社的傑出員工莎拉・拉威爾（Sarah Lavelle）、史黛西・克魯沃斯（Stacey Cleworth）和克萊兒・洛奇福德（Claire Rochford），她們對我異於常人的喜好不減熱忱，忍受我怪咖和任性拖稿的惡習。還要感謝路克・柏德（Luke Bird）再度欣然接受這樣奇怪的一部書稿。

　　非常感謝我漂亮的女兒黛西（Daisy）、波比（Poppy）和喬芝雅（Georgia），讓我有餘裕一個人在花園盡頭那兒寫作，並忍受我在晚餐時對她們滔滔不絕地熱情大聊種種硬知識。還要感謝布魯（Blue）和賴皮（Cheeky），在我測試犁鼻器功能、瞬膜運作方式、跨物種交流、爪子能否縮回藏起時，以及計算毛髮數量時，你們忍受我戳戳戳個不停。也要對布洛迪・湯普森（Brodie Thomson）、艾莉莎・哈茲伍德（Eliza Hazlewood）和珂珂・艾丁豪森（Coco Ettinghausen）致謝，並且一如既往地感謝給予我神支援的 DML 優秀團隊：珍・夸克森（Jan Croxson）、博拉・賈森（Borra Garson）、露・勒夫維奇（Lou Leftwich）和梅根・佩姬（Megan Page）。

　　最後，非常感謝那些來看我表演的絕佳觀眾，當我們在舞臺上現場嘗試一些超級迷人或噁心至極的科學實驗時，你們笑得一塌糊塗。我好愛你們。

中英對照

書籍期刊

影像作品

其他

LEARN 系列 065

狗麻吉的科學：汪星人狂汪大小事
DOGOLOGY: The Weird and Wonderful Science of Dogs

作　　者 —— 史蒂芬‧蓋茲（Stefan Gates）
譯　　者 —— 林柏宏
主　　編 —— 邱憶伶
責任編輯 —— 陳映儒
行銷企畫 —— 林欣梅
封面設計 —— 兒日設計
內頁排版 —— 張靜怡

編輯總監 —— 蘇清霖
董 事 長 —— 趙政岷
出 版 者 —— 時報文化出版企業股份有限公司
　　　　　　108019 臺北市和平西路三段 240 號 3 樓
　　　　　　發行專線 —— (02) 2306-6842
　　　　　　讀者服務專線 —— 0800-231-705‧(02) 2304-7103
　　　　　　讀者服務傳真 —— (02) 2304-6858
　　　　　　郵撥 —— 19344724 時報文化出版公司
　　　　　　信箱 —— 10899 臺北華江橋郵局第 99 信箱
時報悅讀網 —— http://www.readingtimes.com.tw
電子郵件信箱 —— newstudy@readingtimes.com.tw
時報出版愛讀者粉絲團 —— https://www.facebook.com/readingtimes.2
法律顧問 —— 理律法律事務所　陳長文律師、李念祖律師
印　　刷 —— 勁達印刷有限公司
初版一刷 —— 2022 年 4 月 8 日
定　　價 —— 新臺幣 380 元
（缺頁或破損的書，請寄回更換）

時報文化出版公司成立於一九七五年，
一九九九年股票上櫃公開發行，二〇〇八年脫離中時集團非屬旺中，
以「尊重智慧與創意的文化事業」為信念。

狗麻吉的科學：汪星人狂汪大小事／史蒂芬‧蓋茲
　（Stefan Gates）著；林柏宏譯 . -- 初版 . -- 臺北
　市：時報文化出版企業股份有限公司 , 2022.04
　192 面；14.8×21 公分 . --（LEARN 系列；65）
　譯自：DOGOLOGY: The Weird and Wonderful
　　Science of Dogs
　ISBN 978-626-335-167-7（平裝）

1. CST：犬　2. CST：動物行為

437.35　　　　　　　　　　　　　　111003424

ISBN　978-626-335-167-7
Printed in Taiwan